智能化服务适配方法与计算模型

Intelligent Service Adaption Methods and Computational Model

陈华钧◎等 编著

ZHEJIANG UNIVERSITY PRESS
浙江大学出版社

图书在版编目（CIP）数据

智能化服务适配方法与计算模型 / 陈华钧等编著. —杭州：浙江大学出版社，2022.9
ISBN 978-7-308-22987-6

Ⅰ.①智… Ⅱ.①陈… Ⅲ.①适配器 Ⅳ.①TP334.7

中国版本图书馆 CIP 数据核字（2022）第 157534 号

智能化服务适配方法与计算模型
陈华钧 等 编著

责任编辑 陈　宇
责任校对 赵　伟
封面设计 黄晓意
出版发行 浙江大学出版社
（杭州市天目山路 148 号　邮政编码 310007）
（网址：http://www.zjupress.com）
排　　版 浙江时代出版服务有限公司
印　　刷 广东虎彩云印刷有限公司绍兴分公司
开　　本 710mm×1000mm　1/16
印　　张 11.5
字　　数 240 千
版 印 次 2022 年 9 月第 1 版　2022 年 9 月第 1 次印刷
书　　号 ISBN 978-7-308-22987-6
定　　价 78.00 元

前 言

随着描述性状态转移(representational state transfer,RESTful)和微服务等新服务技术的不断涌现,服务软件从简单、同构的系统逐步发展为环境开放、场景跨域、业务复杂的服务生态。如今,传统的服务理论和技术已经难以实现海量异构服务之间的精准匹配、动态组合和耦合集成。基于新的服务适配要求,需要研究智能化服务适配理论和方法,以解决异构服务的智能匹配、服务演化以及运行时的质量保障等科学问题。

本书是国家重点研发计划项目“智能服务适配理论与关键技术”(项目编号:2018YFB1402800)下课题“智能服务适配理论模型和计算框架”(课题编号:2018YFB1402801)的成果总结。课题研究内容为智能服务适配理论模型和计算框架,包括研究基于回路服务模型的智能服务适配的语义表示、推理及服务画像,研究基于群智的服务适配机理,构造面向回路服务模型的适配计算框架,以及支持服务适配智能检测、适配智能生成、服务智能运维等重要过程。

针对服务供需双方之间在功能、质量、逻辑等方面难以精准匹配的问题,本书主要围绕支持智能适配的服务语义、推理与描述模型,基于回路模型的按需服务适配计算框架,基于群智的智能服务适配机理与方法三个方面展开介绍。本书内容涉及支持智能适配的服务语义表示、服务知识图谱的构建、服务智能推理引擎、支持智能服务适配的回路模型、基于回路模型的服务适配框架、用户个性化服务画像的构建、回路模型语义层失配自动检测方法、适配器自动生成模型、多源感知数据的群智融合计算、开放复杂环境服务质量智能适配方法等相关技术。

本书第 1 章至第 3 章由浙江大学完成,第 4 章、第 5 章由中南大学完成,第 6 章、第 7 章由武汉大学完成,第 8 章、第 9 章由北京邮电大学完成。在本书编著过程中,邝砾、梁鹏、王健、周傲四位老师参与了章节的整理,在此一并表示感谢。

目　录

第1章　概　述

1.1　服务计算

服务作为非物质化的产品无处不在，存在于社会生活的各个方面。从物物交换的原始经济，到贸易流通的工业经济，再到基于信息化的现代经济，服务从原始的产品附加物逐步演变为一种独立的经济形态，进而发展成为现代经济中一种重要的经济形态与产业结构。服务包含服务提供主体和服务消费主体两个共生主体，以及两者之间的共生目标。服务提供主体与服务消费主体围绕服务目标进行交互，形成服务与被服务的关系。在交互过程中，双方共同进行价值创造，服务提供主体的资源和能力为服务消费主体传递价值，满足客体需求。

近年来，以云计算、物联网、移动互联网、大数据为代表的新一代信息技术与传统服务业融合、创新，开创了现代服务业的新篇章，催生了以共享服务，平台服务，线上、线下服务，跨界服务，自主服务为代表的多种创新服务模式。共享服务是借助网络、移动互联网等第三方平台，暂时性转移提供方闲置的资源使用权，通过提高存量资产的使用效率为需求方创造价值，促进社会经济可持续发展的一种新服务模式。平台服务指服务主体双方在第三方互联网服务平台（服务载体）进行交互，完成服务过程。线上、线下服务指服务主体双方通过互联网服务平台确定线上服务内容并完成支付，之后通过线下互动完成服务过程。跨界服务的目标是通过跨界资源的集成与融合，创新开发新的产品和服务，从而开辟新的服务市场，跨界获取其他行业、领域的市场用户。服务计算为这一目标提供跨界资源融合、跨界流程管理、跨界服务协同等关键技术支撑。随着这些新的服务模式和服务形态的不断涌现，服务的主体、过程、目标等呈现出一些新的趋势，如服务主体多元化、服务过程简约化、服务载体多样化以及服务价值隐性化等。

随着信息技术在人类社会经济生活中的不断渗透，服务已被赋予更多的元素和内容。当前的服务模型主要包含六大元素：服务提供主体（即服务提供者），服务消费主体（即服务消费者），服务载体（即服务提供主体和服务消费主体进行交互的媒介物，包括服务平台、智能工具、系统等，如在众筹、众包服务中，服务提供主体和服务消费主体都必须依托服务平台交互才能完成任务），服务过程（即服务提供主体与服务消费主体就服务的内容、质量、协议达成一致后，通过双方的共同协作完成服务的过程；在服务执行过程中，服务消费主体对服务提供主体进行评价和反馈，从而促成服务提供主体按照服务质量协议提供服务），服务目标（即服务提供主体与服务消费主体共同协作完成服务过程的目的），以及服务价值（即服务产生的价值或者效用，是服务提供主体与服务消费主体协作达到目标后，传递或产生的有形或无形的价值）。

2001年，IBM公司（International Business Machines Corporation）开始倡导将动态电子商务（dynamic e-business）理念转向Web服务（Web services），使运行在不同工作平台的应用相互交流、整合在一起。2002年6月，在工业界、学术界等各方面的推动下，工商类学院和计算机公司率先意识到Web服务对业界产生的深远影响，张良杰先生筹办的第一个以"Web Services Computing"为名的学术专题研讨分会依托国际互联网计算会议（IC2002）在美国拉斯维加斯举行，会上首次把网上服务和计算融为一体，为今后正式定名为"服务计算"迈出了重要一步。2003年11月，在电气和电子工程师协会（IEEE）的推动下，服务的概念得到了进一步拓展，正式确认服务和计算联系在一起的一门新学科诞生，IEEE服务计算技术执行委员会（IEEE TCSVC）成立，张良杰先生担任委员会的首任主席。

服务计算的研究已历经十余年，可分别从学科、软件系统设计与开发、服务技术应用这三个有代表性的角度对服务计算进行定义。

IEEE服务计算技术执行委员会认为服务计算是一门跨越计算机与信息技术、商业管理与咨询服务的基础学科，其目标是利用服务科学和技术消除商业服务与信息技术服务间的鸿沟。

服务计算领域旗舰会议（International Conference on Service Oriented

Computing ,ICSOC)的创始人帕佐格鲁(Papazoglou) 认为服务计算是一种以服务为基本元素进行应用系统开发的方式。

《IEEE 网际网络计算》(IEEE Internet Computing) 前主编辛格(Singh)认为服务计算是集服务概念、服务体系架构、服务技术和服务基础设施于一体,指导如何使用服务的技术集合。

基于这些定义,我们认为服务计算是现代服务业的基础支撑科学,它围绕服务的科学问题和关键技术开展研究与应用,将计算和信息技术贯穿于整个服务生命周期,是一门连接现代服务业和信息技术服务的新兴交叉学科,是一个服务转型与打造现代服务业的利器。服务计算也是一种面向服务提供主体和服务消费主体,以服务价值为核心的计算理论。它借助服务载体,通过一系列服务技术,完成双方预先商定的服务过程,达成既定的服务目标,并最终产生或传递服务价值。服务计算的目标是促成主体双方建立服务关系,并完成以服务价值为核心的服务过程。该过程受主体双方协商的服务目标约束。

服务计算在见证现代服务产业发展的同时,支撑了现代服务业的服务模式创新、服务系统开发、服务咨询管理等众多重要环节和过程。在工业上,软/硬件资源服务化、服务复用、服务整合等服务计算基本思想被广泛采纳。以 Web 服务、面向服务的体系架构、企业服务总线为代表的一系列服务计算核心技术被平台软件提供商、系统软件集成商、应用软件开发商实践和应用。这一方面大幅提升了软件开发、维护和管理的效率,另一方面增强了软件系统应对动态、多变、复杂网络环境的能力,使其随需应变。近年来,涵盖服务模型、服务语言、服务技术、服务方法、服务工程等方面的理论、方法和技术,极大地推动了服务计算的发展。

纵观服务计算的发展与应用,其研究过程可划分为基础模型与标准建立、服务生命周期管理与使能方法设计、学科交叉与应用探索三个阶段。

基础模型与标准建立属于服务计算发展初期。该阶段主要围绕 Web 服务、面向服务的架构(service oriented architecture,SOA)等模型,制定了 WSDL/SOAP/UDDI、OWL-S、SCA/SDO 等标准,明确了服务计算研究的主题和边界。

服务生命周期管理与使能方法设计属于服务计算快速发展阶段。目前国内外一大批学者围绕服务使能问题开展了深入研究,在服务发现、推荐、选择、组合、验证等方面产生了大量研究成果。

学科交叉与应用探索属于服务计算应用深化和推广的重要阶段。该阶段主要探究如何跨越业务服务与互联网技术(IT)服务鸿沟的核心问题，为各种创新的服务模式和服务场景提供技术与方法，使服务过程更高效、便捷，快速实现服务价值传递和拓展。

服务计算从以技术为导向的前两个发展阶段，逐步过渡到大规模的服务计算应用阶段。服务计算将在现代服务业提供的丰富应用案例与多样应用场景下不断发展，实现满足更符合现代服务业的特定计算需求。针对共享服务、平台服务、线上线下、跨界服务等创新服务模式的研究正逐渐开展。

1.2 服务计算的价值

近十年，现代服务业在全球范围内得到了快速发展，各主要发达国家产业结构均由工业型经济向服务型经济迅猛转变。我国现代服务业生产总量不断提高，生产总值在国内生产总值(GDP)中的占比和服务业对 GDP 的贡献率均逐年上升，涌现出了一批有影响力的现代服务业企业，显著提高了传统服务业的科技水平，推动了新兴服务业、科技服务业、文化科技融合产业等一批适应市场需求的新兴产业的蓬勃发展。在当今社会和经济环境中，服务无处不在。服务业越来越成为一个国家经济总量的重要组成部分，技术的推动势必以服务本身的发展为核心，一个公司的发展必然要以服务为核心。加快现代服务业发展，提升产业附加值与国际核心竞争力，是实现我国经济结构调整和增长方式转变的重要抓手。

在以大数据、移动计算、物联网为代表的新一代信息技术的支撑下，服务计算融合传统服务业发展共享、跨界等创新模式，带来了新的价值。服务代表商业模式，计算代表以 IT 为核心的技术。服务计算具有更广阔的视野，它的存在使 IT 服务能够更有效地运行业务服务。根据用户目标和偏好定制的 IT 服务正在产生，服务计算将通过对大规模数据进行聚合来实现其更深层的业务价值。以共享服务，平台服务，线上、线下服务，跨界服务等服务模式为例，这些服务模式的服务价值体现在服务主体双方在服务载体上进行交互完成服务目标产生的价值，该价值包含服务提供主体价值、服务消费主体价值和第三方平台价值。跨界服务价值体现在企业通过运营跨界产品和服务所产生的收益，服务计算为服务价值度量、产生和传递提供了支撑。

共享服务能产生有形共享价值和无形共享价值，如为服务提供主体获得利润，通过服务提供主体和服务消费主体交换闲置社会资源满足双方的社交需求等。以滴滴打车为例，共享闲置的车辆资源及车主技能可提升车辆的利用效率，最大程度地满足了乘客需求，为车主提供了灵活的工作方式。对于平台服务，最常见的有云平台对数据资源进行集中化存储、清洗、聚合、质量管理、分析挖掘，最终以云服务模式交付给不同的系统或用户；通过 Web 接口向用户提供面向大数据的分析软件及操作，使用者利用简单的超文本传输协议（HTTP）就可以实现数据处理和分析，提高了资源利用率和业务响应速度。对于线上、线下服务，随着互联网以及物联网的发展，线上和线下也不再是泾渭分明的两个领域，两者的结合发展催生了更大的市场经济体量。在电商领域，基于数字化升级，大数据、智能化的营销帮助商家提升了效能，同时推荐计算等让消费者有了更好的消费体验。随着用户数据不断地精准和优化，利用线下获取到的流量做更多线上的营销推广、用户裂变等，提升了用户身上的商业价值。对于跨界服务，以阿里巴巴集团为例，其依靠数据引流搭建新平台，在餐饮、教育、旅游、传媒等领域均有涉及，服务资源彼此互联互通。跨界服务作为企业的创新过程，已成为促进跨企业、跨领域、跨行业合作的趋势，打破了传统的组织、业务和领域的界限，为用户提供了创新、新颖、融合的服务。这些服务模式以平台作为基准，通过服务计算为用户提供多维度、高质量、富价值的服务。虽然在互联网扩展的基础上，所有经济部门的服务都得到了扩展，但服务计算还没有完全发挥其潜力，技术进步为服务计算提供了越来越多的机会。

1.3 服务计算研究现状

服务计算作为一门独立的计算学科，技术体系涉及一系列的关键技术和研究问题。IBM 公司提出的服务计算技术体系如图 1.1 所示，该体系包括服务计算关键技术、支撑技术和产业应用三部分。

在服务计算的关键技术中，面向服务的架构是一种被广泛采用的架构模式。Web 服务和业务流程管理是实现此架构并使 IT 服务能够更有效执行的常用技术。Web 服务标准（W3C）和业务流程管理标准（OASIS）分别

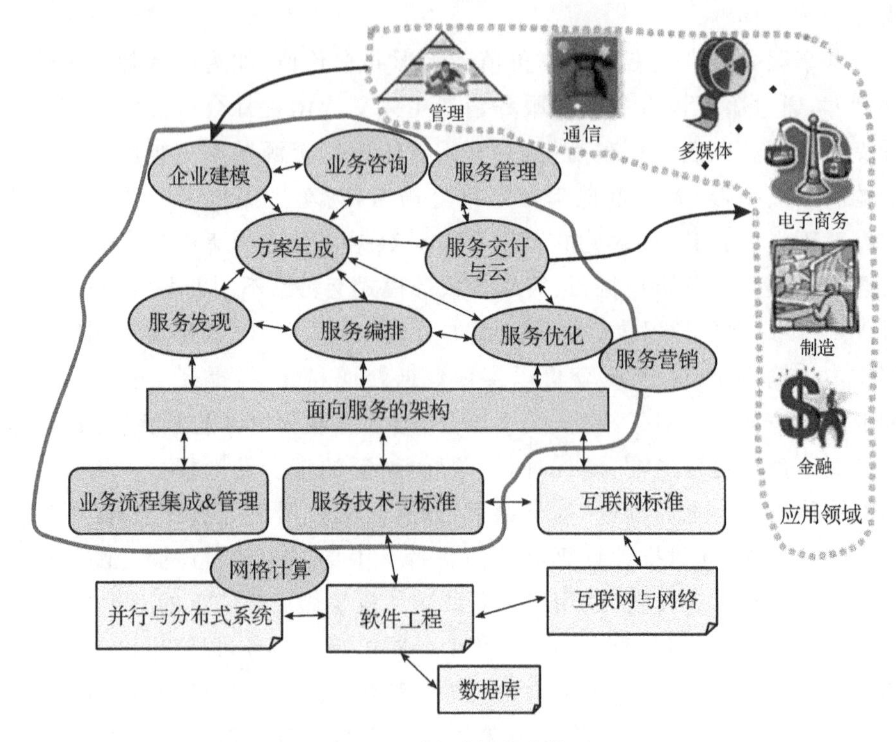

图 1.1　服务计算技术体系

是 Web 服务和业务流程管理的通用标准。服务计算技术涉及服务创新研究的整个生命周期，包括业务咨询、企业建模、方案生成、服务发现、服务编排、服务交付、服务营销、服务优化以及服务管理。

服务计算与互联网(WWW)和网络技术、并行与分布式系统技术、软件工程技术、数据库技术等密切相关，这些技术为服务计算提供了技术支持平台。服务计算技术可服务于多个行业，包括管理、通信、多媒体、电子商务、制造、金融等。目前，现代服务业主要集中在这些垂直行业。例如，制造作为服务计算的应用领域之一，可以利用服务计算技术和系统化的方法来改进现有的制造服务，也可以创建新的制造服务系统。

Papazoglou 等将基本 SOA 扩展为如图 1.2 所示的研究路线[1]，路线包含底部的服务描述和基本操作，中间的服务组合以及顶部的服务管理。分层架构利用基本的 SOA 作为底层，涉及角色(服务提供者、服务客户端和服务聚合器)、基本操作(发布、发现、选择和绑定)、描述[能力、接口、行为和服务质量(quality of service, QoS)]，以及它们之间的关系。服务组合层包含

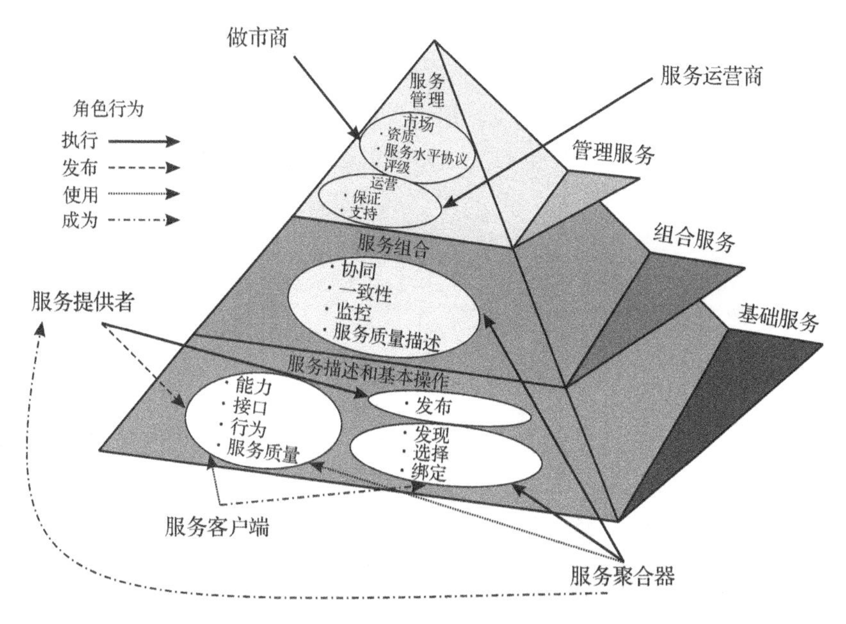

图 1.2 服务计算研究路线

协同、一致性、监控和服务质量描述等必要技术和功能。具体来说，协调控制组合服务的执行并管理它们之间的数据流可使它们以高效和有组织的方式协同工作。一致性通过匹配组合服务之间的参数和接口来确保组合服务的完整性，以确保成功地交互以及执行数据融合活动。监控旨在发现并报告组合服务产生的事件或异常，以确保组合服务的正确性和整体功能，从而及时预测、规避和处理风险。服务质量描述根据其组合结构（如顺序、选择和并行），聚合组合服务的服务质量来描述组合服务的整体服务质量值，常见的服务质量标准有成本、响应时间、安全性、可靠性等。研究路线的顶层是服务管理，它由市场和运营两个部分组成。市场旨在为服务提供者和服务消费者提供市场，并发挥市场功能。其目的是提供全面的交易技术，包括服务认证和服务评级，并管理服务水平协议（SLA）的谈判和执行。服务管理层的另一个目的是为服务管理提供操作功能。尤其是 SOA 的运营管理，旨在支持服务平台的管理、服务的部署和应用的管理。运营管理可确保服务交易顺利通过、服务活动正常实施。

服务计算的技术框架包括服务资源层、服务融合层、服务应用层以及服务系统层，为业务开发、业务融合、业务应用和业务系统设计提供技术支持（见图 1.3）。其中，服务资源层是框架的底层，该层实现各种异构数据和软件资源的服务标准化，保证服务调用方便、快捷、透明，包含将数据和软件资源构建到服务中的基本技术。服务资源层主要涉及服务所需的标准、技术和方法，如服务标准、服务语言、服务协议以及服务实现的技术等，如服务建模、服务开发、服务封装、服务测试、服务部署等。

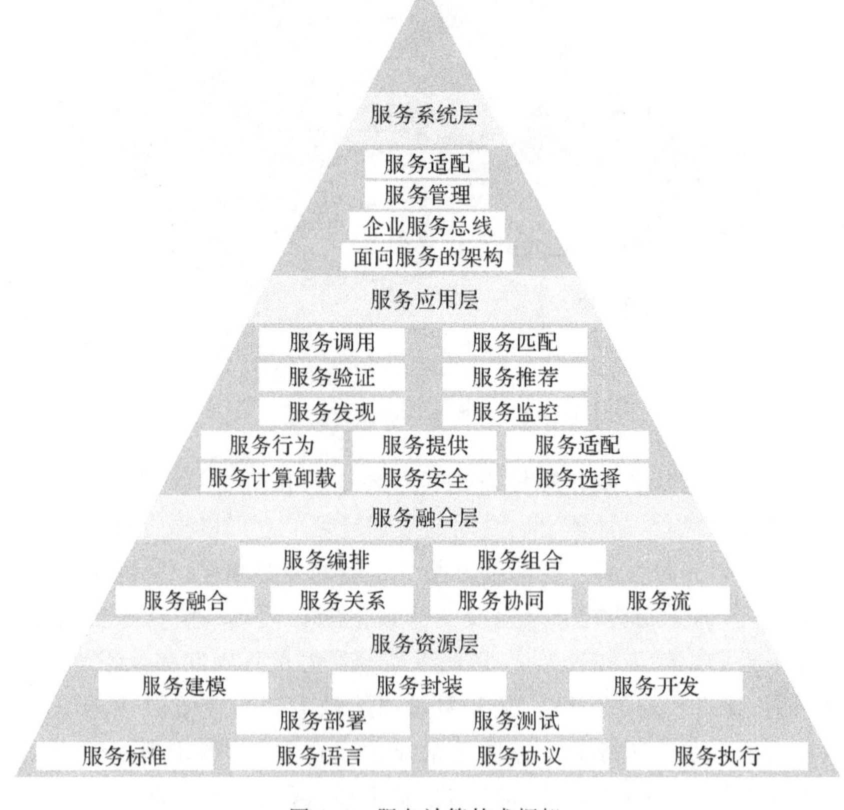

图 1.3　服务计算技术框架

服务融合层的目的是促进标准服务的集成、协作和组合。为此，该层提供了一系列服务协作的标准、技术和方法，以及对由许多服务组成的服务流的管理。该层涉及的技术有服务融合、服务协同、服务组合、服务编排、服务关系和服务流。具体来说，服务组合是服务计算领域的一个研究热点，特别是在单个服务无法满足用户请求的情况下，服务组合可将多个服务组合成一个大粒度的组合服务来满足用户的复杂请求。

服务应用层为服务调用提供基本的技术和方法。该层涉及的技术是当前服务计算研发中最流行的技术，具体包括服务选择、服务推荐、服务计算卸载、服务提供等。服务选择能在有多个可用的候选服务时为服务请求选择最合适的服务。服务推荐旨在预测服务用户的偏好，为用户推荐最合适的服务。服务计算卸载是一种将服务执行卸载到其他设备、服务器或平台，以节省时间、能源或资源的技术，主要用于在资源有限的设备上执行服务。服务提供解决了服务提供过程中的问题，旨在促进服务、提高服务质量。

服务系统层是框架的顶层。基于服务应用层的技术，服务系统层是一套标准的技术和方法，用于指导服务计算环境下面向服务的软件系统的设计、开发、运行和管理[2]。该层包括服务适配、服务管理、企业服务总线和面向服务的架构。目前，这些技术已经研究了十余年，相对比较成熟。

参考文献

[1] Papazoglou M P, Georgakopoulos D. Service oriented computing[J]. Communications of the ACM, 2003,46(10):24-28.

[2] Wu Z, Deng S, Wu J. Service computing: Concept, method and technology[M]. Cambridge: Elsevier/Academic Press, 2014.

第2章 “回型”服务关系模型及应用

2.1 “回型”服务关系模型概述

信息技术的高速发展与广泛应用大力推动了现代服务业的发展，物联网、云计算、移动互联网等技术的成熟催生出了以共享经济、跨界经济、平台经济、体验经济为代表的多种创新服务模式。这些创新服务模式在生产、生活中的应用使得服务应用更加泛化，从而使服务本身呈现新的趋势：服务主体多元化、服务目标碎片化、服务过程简约化、服务载体多样化、服务价值隐性化。

传统的以服务提供主体、服务消费主体和服务目标为三角关系的模型已经无法完全支撑现代服务业不断涌现的新颖服务形态和服务模式。根据服务发展的最新趋势，我们将传统的“三角”服务关系模型拓展为“回型”服务关系模型，并且基于面向服务的网络本体语言（ontology web language for services，OWL-S）提出了一套描述语言。“回型”服务关系模型是针对现代服务业不断涌现的新颖服务形态提出的一种新型、扩展的服务模式，为研究现代服务业各种创新服务模式和服务模型提供了较好参考[1]。

2.1.1 基本概念

（1）服务

服务作为无形的产品无处不在，渗透于现代社会的方方面面。完整、全面地对服务进行建模与分析，确定服务的内涵与外延十分有必要。美国营销学家菲利普·考特勤认为服务是一方向另一方提供的任何活动和好处，它是不可触知的,不形成任何所有权问题,其生产可能与物质产品有关,也可能无关。也有人认为服务就是指以提供劳务来满足人们某种特殊需要的行为,和物质生产、精神生产共同构成社会生产,为社会三大生产领域之一。国家标准(GB/T 19004.2—1994)《质量管理和质量体系要素 第2部分:服务指南》(现已废止)中曾把服务定义为:为满足顾客的需要,供方与顾客接触的活动和供方内部活动所产生的结果。该标准还对此定义添加了四条注解:在接触面上,供方或顾客可能由人员或设备来代表;对于服务提供,在供方接触面上,顾客的活动可能是实质所在;有形产品的提供或使用可能成为服务提供的一个部分;服务可能与有形产品的制造和供应连一起。综合已有定义,服务是指为他人做事,并使他人受益的一种有偿或无偿的活动,不以实物形式而以提供劳动的形式满足他人某种精神或物质需要。

(2)传统服务关系模型:“三角”服务关系模型

目前服务的概念还没有统一的定义,但每一种定义都不会忽略服务包含的两个共生主体,以及两个主体需要达成的服务目标。图2.1是接受度较高的“三角”服务关系模型[2],服务提供主体和服务消费主体围绕服务目标进行交互。在这个过程中,双方共同创造价值,完成预期的目标。在“三角”服务关系模型中,服务提供主体所拥有的技能在某些特定场景下也可成为提供主体,服务目标也不局限于商务活动预期达到的目标,还包括产品、技术、信息、知识以及与人相关的目标。服务提供主体和服务消费主体都可通过一定的干预手段对服务目标造成正向或负向的作用。然而,对于服务提供主体和服务消费主体而言,两者对服务目标的联系形式是不同的。服

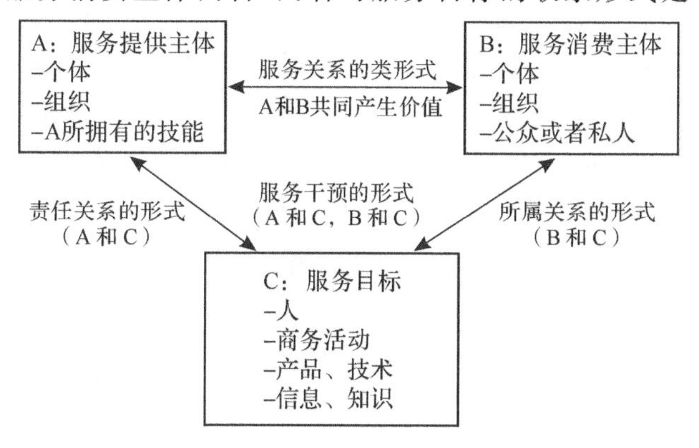

图2.1 “三角”服务关系模型

务提供主体和服务目标的关系是责任关系，而服务消费主体和服务目标的关系则是所属关系。在服务形式多样化、服务内容复杂化的今天，现有关系建模的泛化能力显然难以满足建模要求。

(3)面向服务的网络本体语言

网络本体语言(ontology web language，OWL)是一种定义和实例化Web本体的语言，是针对各方面的需求在美国国防高级设计研究署代理标记语言＋本体推理层(DAML＋OIL)的基础上进行改进开发的，旨在提供一种可用于描述网络文档和应用中固有的那些类及其之间关系的语言。设计人员针对各类特征需求制定了OWL Lite、OWL DL和OWL FULL三种相应的OWL的子语言，这三类子语言表达能力逐个递增。OWL-S在语义网的OWL基础架构下描述语义网服务，它让用户及软件代理得以自动发现、唤起、组构与监视网页资源，并在特定约束条件下提供服务。OWL语言被设计出为计算机处理信息，因此基于OWL-S设计“回型”服务关系模型建模语言将更有利于后续对服务业态与服务模式进行自动化的分析、设计、改进以及创新。

2.1.2 “回型”服务关系模型组成

在现代社会服务发展趋势下，传统的服务关系模型已无法全面对服务涉及的内涵进行建模。现代社会中，无论是服务提供主体还是服务消费主体，都已从传统的个体、组织和提供者拥有的技能延伸到人、生物、机器、系统在内的生物和非生物主体，如智能机器人提供的人工智能(AI)服务、智能客服服务以及其他形式的推荐服务、定位服务等。同时，服务载体的作用突显。不断创新的服务形式与服务模式极大地扩展了服务载体的内涵，在电商服务、共享服务、跨界服务等新业态下，中间平台已成为不可或缺的服务载体，打破了传统的以线下场景为主的服务格局。除此之外，服务价值获取呈现多样化趋势，成为服务关系建模中不可或缺的一个要素。由此可见，“三角”服务关系模型已难以满足现代服务建模的要求。因而我们提出了如图2.2所示的“回型”服务关系模型。在该模型中，服务顶层包括服务提供主体、服务消费主体、服务目标、服务过程、服务载体和服务价值等六大本体。

服务提供主体：服务提供者，包括人、组织以及程序、智能系统等非生物体。

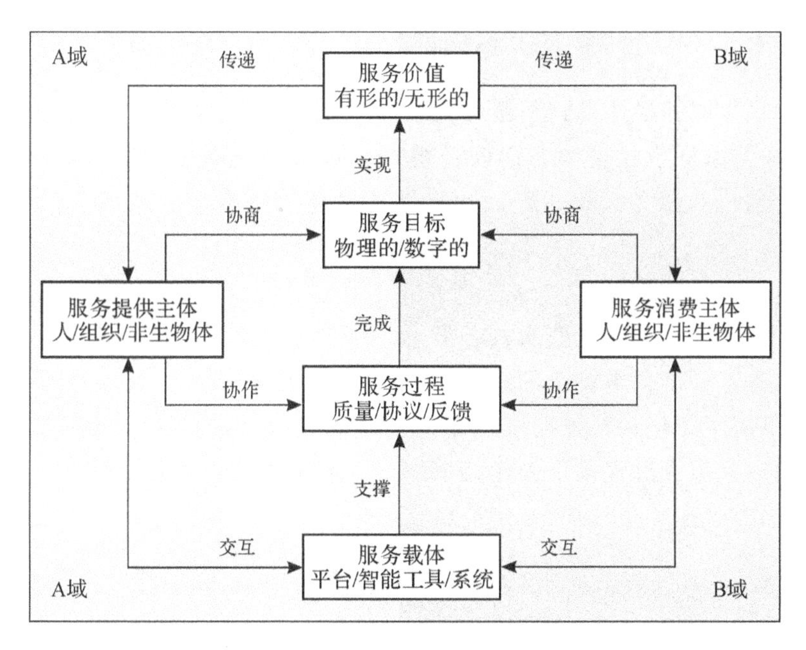

图 2.2 “回型”服务关系模型

服务消费主体：服务消费者，包括人、组织以及程序、智能系统等非生物体。

服务目标：服务提供主体与服务消费主体共同协作完成服务过程的目的等。

服务过程：服务提供主体与服务消费主体就服务的内容、质量、协议达成一致后，通过双方共同协作完成服务的过程。在服务运营过程中，服务提供主体凭借自身资源和能力与服务消费主体进行交互，并根据服务消费主体的反馈与评价对自身资源与能力配置进行调整，从而保证一定的服务质量。

服务载体：服务提供主体和服务消费主体进行交互的媒介物，包括平台、智能工具、系统等。例如，在电商、共享服务中，服务提供主体和服务消费主体的服务交互都依赖于服务平台，否则它们就无法完成服务交互。

服务价值：服务产生的价值或者效用，是服务提供主体通过与服务消费主体协作，达到目标后，传递或者产生的价值。服务价值是服务提供主体与服务消费主体建立服务关系的驱动力，其产生与分配依赖服务过程中具体的活动。

2.1.3 “回型”服务关系模型建模语言

为了声明和描述“回型”服务关系模型，本节定义了基于 OWL-S 的“回型”服务关系模型建模语言。该建模语言包含服务提供主体、服务消费主体、服务目标、服务过程、服务价值、服务载体等元素本体及其具体属性和关系。

(1)服务属性描述

“回型”服务关系模型的核心概念之一就是服务，构成模型的各个要素也是服务这一概念最重要的组成部分。因此，服务是整个模型最顶层的概念，其下属本体包括服务提供主体、服务消费主体、服务目标、服务载体、服务价值以及服务过程等六大元素本体。各本体之间的关系如图 2.3 所示。

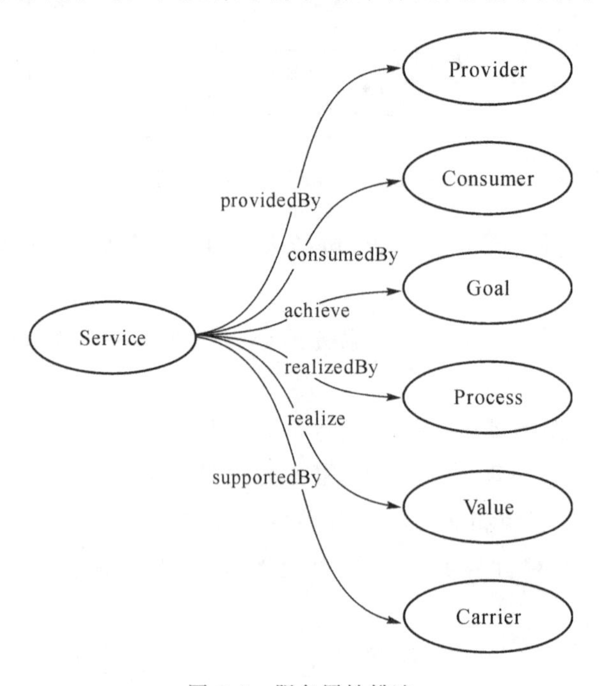

图 2.3 服务属性描述

服务的建模语言如下。

```
class Service
    hasProvider type Provider
    hasConsumer type Consumer
    hasGoal type Goal
    hasProcess type Process
    hasValue type Value
    hasCarrier type Carrier
```

(2)服务提供主体(Provider)

服务提供主体是主体的子类，具有主体的域、主体名称、文字描述、联系信息等属性。服务提供主体还具有服务过程、服务目标、服务价值、服务载体等元素，继承自 OWL-S 中的参与者。服务提供主体这一本体与各属性之间的关系如图 2.4 所示。

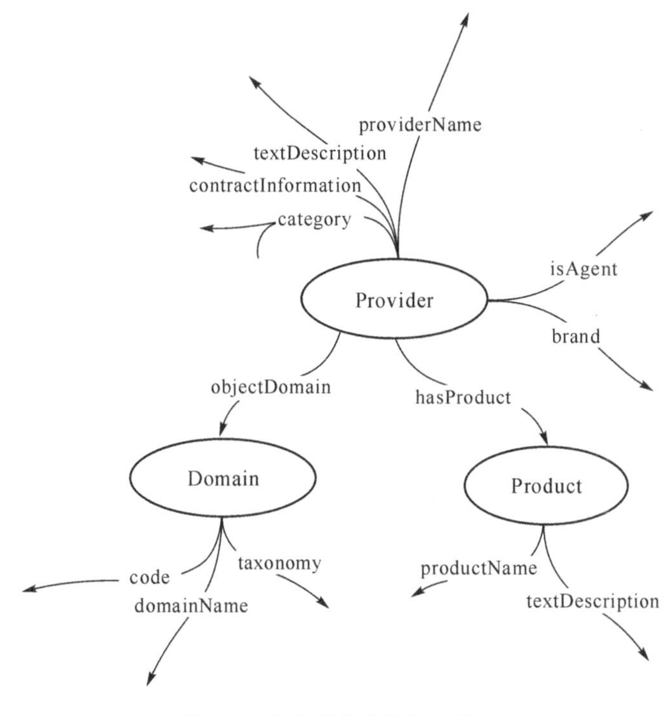

图 2.4　服务提供主体属性描述

- 类别(category)指服务提供主体属于人、组织或者非生物体中的哪一类。

- 主体名称(providerName)指服务提供主体的名称。
- 文字描述(textDescription)指服务提供主体的文字描述。
- 联系信息(contractInformation)指服务提供主体的联系信息。
- 代理分销商(isAgent)指服务提供主体是否为服务代理分销商。
- 品牌(brand)指服务提供主体经营过程中所形成的品牌。
- 域(Domain)指服务提供主体所处的行业类别,包括域名、分类、值和编码。
- 产品(Product)指服务提供主体在服务过程中提供的产品。

服务提供主体的建模语言如下。

```
class Provider subClassOf Participant
    providerName type NonFunctionalProperty
    textDescription type NonFunctionalProperty
    contractInformation type NonFunctionalProperty
    isAgent type NonFunctionalProperty
    brand type NonFunctionalProperty
    category type {person, orgranization, nonliving body }
    hasDomain type Domain
    hasProduct type Product
class Domain subClassOf ServiceCategory
class Product
    productName type NonFunctionalProperty
    textDescription type NonFunctionalProperty
```

(3)服务消费主体(Consumer)

服务消费主体是主体的子类,具有主体的域、主体名称、文字描述、联系信息等属性。服务消费主体还具有服务过程、服务目标、服务价值、服务载体等元素,继承自 OWL-S 中的参与者。服务消费主体这一本体与各属性之间的关系如图 2.5 所示。

- 类别(category)指服务消费主体属于人、组织或者非生物体中的哪一类。
- 主体名称(consumerName)指服务消费主体的名称。
- 文字描述(textDescription)指服务消费主体的文字描述。

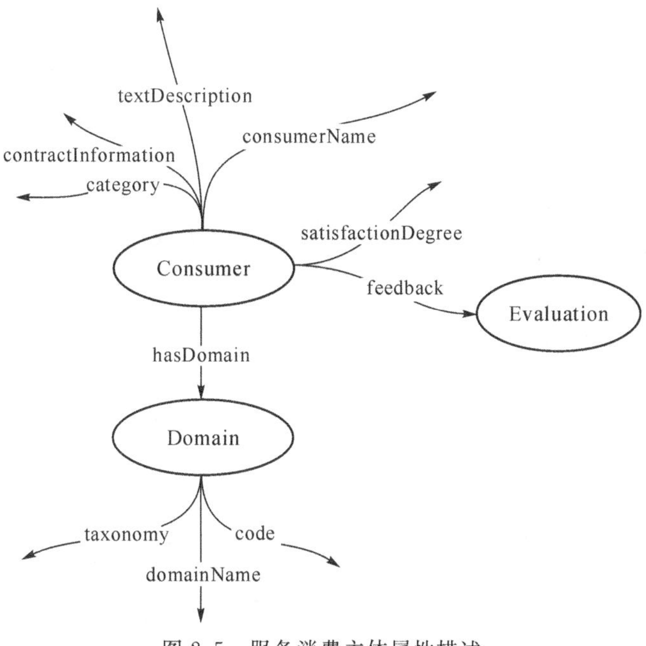

图 2.5 服务消费主体属性描述

• 联系信息(contractInformation)指服务消费主体的联系信息。

• 满意度(satisfactionDegree)指服务消费主体对服务的满意程度。

• 反馈(feedback)指服务消费主体对服务评价之后的反馈,服务评价(Evaluation)在服务过程(Process)中定义。

• 域(Domain)指服务消费主体所处的行业类别,定义参见服务提供主体。

服务消费主体的建模语言如下。

```
class Consumer
    consumerName type NonFunctionalProperty
    textDescription type NonFunctionalProperty
    contractInformation type NonFunctionalProperty
    satisfactionDegree type NonFunctionalProperty
    category type {person, orgranization, nonliving body }
    hasDomain type Domain
    feedback type Evaluation
```

(4)服务目标(Goal)

服务目标可以分为物理目标、虚拟目标、数字目标和情感目标等。服务目标这一本体与各属性之间的关系如图 2.6 所示。

• 子目标指一个服务目标的列表，表示该服务目标包含的一系列子目标。

• 截止时间(Datetime)指达成目标的最后截止时间。

• 效果(Expect)指目标实现需要实现的结果。

• 期望变量(ExpectVar)指用以表示期望实现过程中的变量。

• 前置条件(preCondition)指期望变量初始满足的条件。

• 后置条件(postCondition)指期望变量在期望实现之后需要满足的条件。

• 效果(Expression)指期望实现期望变量所要达到的状态。

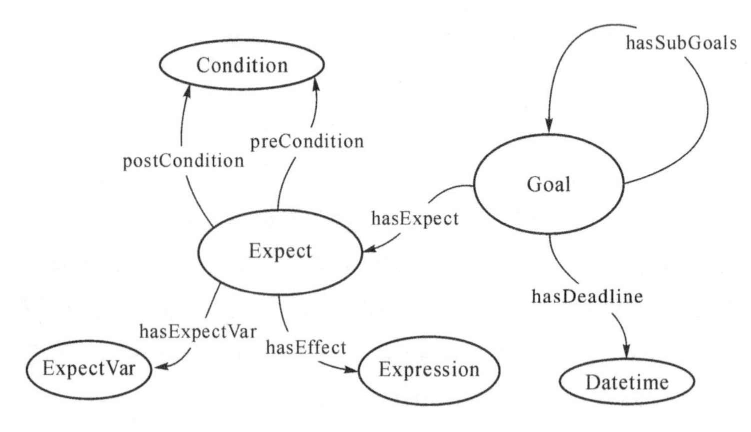

图 2.6　服务目标属性描述

服务目标的建模语言如下。

```
class Goal
    hasSubGoals type Goal
    hasExpect type Expect
    hasDeadline type datetime

class Expect
    preCondition type Condition
    hasExpectVar type ExpectVar
    postCondition type Condition
    hasEffect type Expression
```

(5)服务载体(Carrier)

服务载体是指服务提供主体和服务消费主体进行交互的媒介物,包括平台、智能工具、系统等。服务载体这一本体与各属性之间的关系如图2.7所示。

- 服务(Service)指载体上执行的服务。
- 非功能性属性(non functional property)包括载体的名称(name)、分类(category)、文字描述(textDescription)等。
- 服务载体分为原子载体(Atomic Carrier)和组合载体(Composite Carrier)两类。载体之间的关系可以是协作关系(Collaboration)、互斥关系(Mutual Exclusion)、序列关系(Sequence)和无相关关系(Independence)四类。

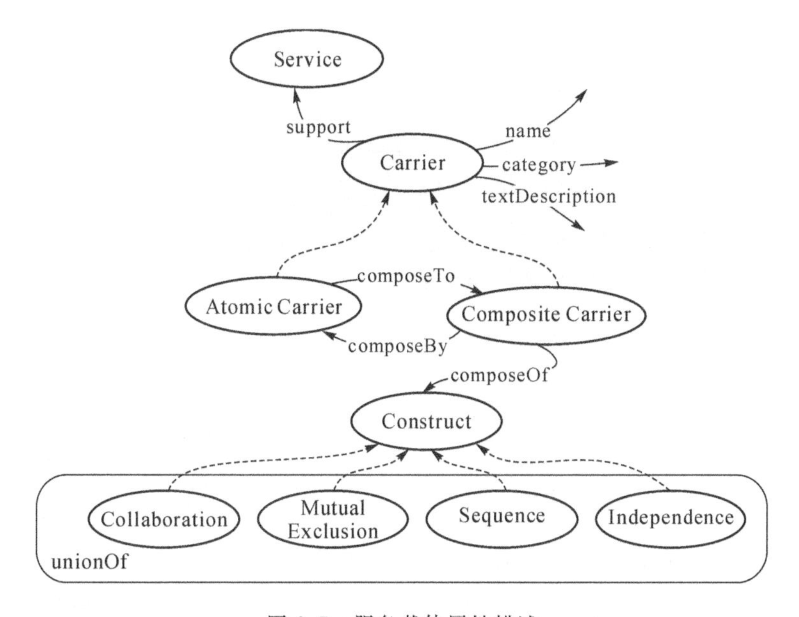

图2.7 服务载体属性描述

服务载体的建模语言如下。

```
class Carrier
    support type Service
    name type
    category type {platform, tool, system}
    textDescription type

class Atomic Carrier subClassOf Carrier
    composeTo type Composite Carrier

class Composite Carrier subClassOf Carrier
    composeBy type Atomic Carrier
    composeOf type Construct

class Construct
class Collaboration subClassOf Construct
class Mutual Exclusion subClassOf Construct
class Sequence subClassOf Construct
class Independence subClassOf Construct
```

(6)服务过程(Process)

服务过程继承自OWL-S中的过程,除条件(condition)、结果(result)、参数(parameter)、结构(construct)等参数外,还具有服务、质量、协议、评价、服务提供主体、服务消费主体等元素。服务过程这一本体与各属性之间的关系如图2.8所示。

- 服务(Service)指过程所执行的服务。
- 服务质量(QoS)指过程所执行服务的服务质量,包含执行时间(Time)、价格(Price)、可用性(Availability)、名声(Reputation)等属性。
- 协议(Protocol)指服务执行所遵守的协议。
- 服务提供主体(Provider)指过程所执行的服务的提供主体;服务消费主体(Consumer)指过程所执行的服务的消费主体,服务提供主体和服务消费主体协商决定服务过程。
- 服务评价(Evaluation)指服务消费主体对服务的评价,服务执行结束后,服务消费主体对服务进行评价反馈。

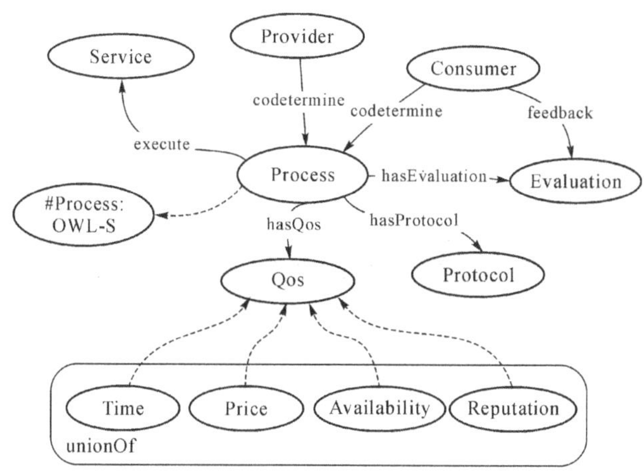

图 2.8 过程属性描述

服务过程的建模语言如下。

```
class Process
    realize type Service
    hasEvaluation type Evaluation
    hasQoS type QoS
    hasProtocol type Protocol
    hasPrecondition type Condition
    hasResult type Result
    hasParameter type Parameter
    hasInput type Input
    hasOutput type Output

class CompositeProcess
    composedBy type AtomicProcess
    composedOf type Construct

class AtomicProcess
    composedTo type CompositeProcess

class QoS
class Protocol
class Evaluation
```

(7)服务价值(Value)

服务价值是对服务进行衡量的重要指标,具有服务、有形价值、无形价值等元素。服务价值这一本体与各属性之间的关系如图 2.9 所示。

- 服务(Service)指产生价值的服务。
- 有形价值(Tangible Value)指服务产生的收益等可以准确衡量的价值,具有价值类型(Value Type)、价值名称(Value Name)、价值描述(Value Description)和价值大小(Value Number)四个属性。
- 无形价值(Intangible Value)指服务在满足主体心理、生理和社会方面的需求或意愿中产生的难以刻画、衡量的价值,具有价值类型、价值描述和程度(Degree)三个属性,分为心理价值(Psychological Value)、生理价值(Physiological Value)和社会价值(Social Value)三类。
- 服务价值包含服务提供主体价值(Provider Value)、服务消费主体价值(Consumer Value)和第三方价值(Third-party Value)三类,分别表示服务对于服务提供主体、服务消费主体和第三方产生的价值。

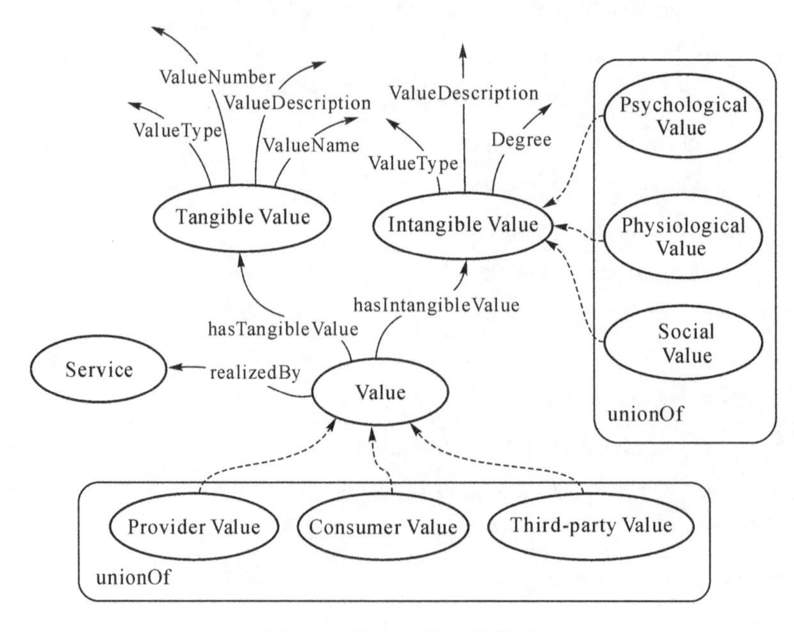

图 2.9 服务价值属性描述

服务价值的建模语言如下。

```
class Value
    realizedby type Service
    hasTangibleValue type TangibleValue
    hasIntangibleValue type IntangibleValue

Class TangibleValue
    ValueType
    ValueName
    ValueDescription
    ValueNumber

Class IntangibleValue
    ValueType
    ValueDescription
    Degree

class PsychologicalValue subClass IntangibleValue
class PhysiologicalValue subClass IntangibleValue
class SocialValue subClass IntangibleValue
class ProviderValue subClass Value
class ConsumerValue subClass Value
class Third-partyValue subClass Value
```

服务提供主体获得的价值、服务消费主体感知的价值和第三方获得的价值都可以通过传统的服务价值分析方法进行度量：

$$V=(B-C+E,CON)$$

B 表示服务提供主体和服务消费主体通过服务获得的价值，包括物质收益和精神收益等。

C 表示服务提供主体和服务消费主体为了参与并完成服务所付出的劳动或代价，包括投入的物质成本、时间成本等，$B-C$ 表示服务提供主体或服务消费主体在这次共享服务中获得的收益。

E 表示服务提供主体和服务消费主体在这次共享服务中获得的潜在利润或收益，即将来可能带来的收益的预期值。

CON 表示共享服务价值的约束，即对约束服务价值的某些指标提出约束要求，如要求打车服务的等待时间为 5 分钟，若超过时限，则服务消费方的感知价值为 0。CON 可以表示为一组 QoS 指标 $(Q_1, Q_2, \cdots, Q_n)$，并且每个指标有不同的优先级和权重[3]。

2.2 “回型”服务关系模型在共享服务中的应用

2.2.1 共享服务

美国得克萨斯州立大学社会学教授马科斯·费尔逊(Marcus Felson)和伊利诺伊大学社会学教授琼·斯潘思(Joel Spaeth)最早提出了共享经济这一概念[4]。他们认为共享经济的主要特点是其运营过程中包括一个由第三方创建、以信息技术为基础的市场平台。这个第三方市场平台可以由商业机构、组织或者政府搭建运营。服务消费主体借助于这个第三方平台进行交换或租赁闲置物品、资源与服务。

共享服务(见图 2.10)是借助网络、移动互联网等第三方平台，暂时性转移提供方闲置的资源使用权，通过提高存量资产的使用效率为需求方创造价值，促进社会经济可持续发展的一种新的服务模式，其本质上是一种内部外购活动[5]。目前共享服务在多个领域有了实践，本节将以 Uber(优步)专车共享服务为例，对该服务的各个要素进行分析。

2.2.2 “回型”服务关系模型在共享服务模式中的应用

(1)Uber 专车服务提供主体

Uber 专车的服务提供主体为专车司机、Uber 企业以及重要合作伙伴等独立主体。其中，专车司机和 Uber 企业属于直接服务提供主体，因为这两者通过服务载体与服务消费主体直接对接；重要合作伙伴则是间接服务提供主体，它们不直接向服务消费主体提供服务，而是为 Uber 专车提供资金或者设备上的赞助，间接支撑整个服务的运行。专车司机的服务提供主体类别为人，该主体在提供专车服务时需要提供汽车的车牌号、汽车的描述信息、司机联系电话、汽车品牌等信息，专车司机通过 Uber 企业间接与重要伙伴建立的关系属于合作关系；Uber 企业所属的服务提供主体类别为组

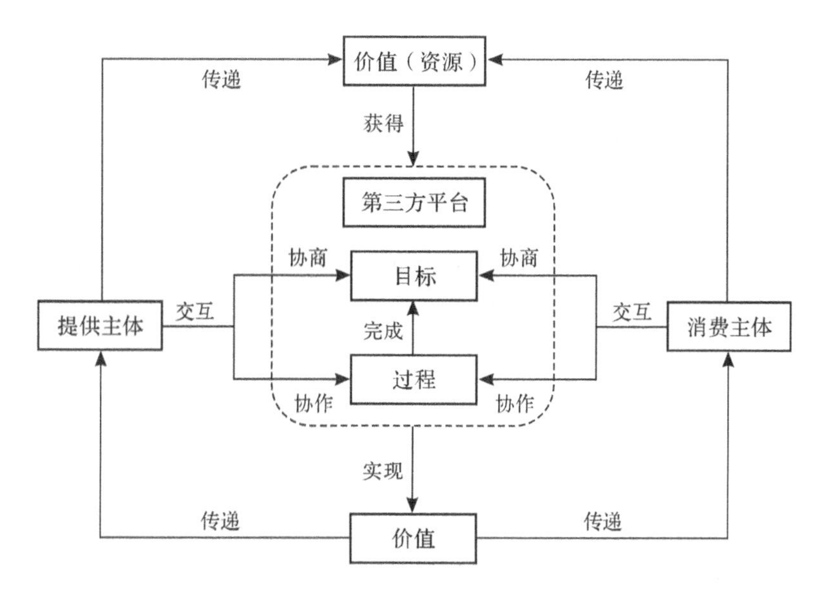

图 2.10 “回型”服务关系模型——共享服务

织，该主体在提供 Uber 平台服务时需要对企业的品牌、联系方式、主要介绍等信息进行说明，Uber 企业与重要伙伴建立了合作、合资与购买方-供应商关系；Uber 企业的重要合作伙伴以百度公司为例，其所属的服务提供主体类别为组织，并且需要提供百度公司的品牌、联系方式、企业介绍等主体描述信息。

需要注意的是，在 Uber 专车这一服务业态中，多个服务提供主体之间的协作形成了服务提供主体网络。2014 年 8 月，Uber 在美国宣布向所有开发者开放平台，包括联合航空、微软、Tripadvisor、Open Table 等在内的众多企业，都已在其应用程序中嵌入了 Uber，极大地拓展了应用场景，并实现了双赢。2014 年 12 月，百度公司与 Uber 签署战略合作及投资协议，Uber 宣布接受百度公司的战略投资，双方达成全球范围内的战略合作伙伴关系。因此，Uber 专车服务的服务提供主体网络不仅包括专车司机与 Uber 企业，还包括百度公司、联合航空等多家重要伙伴，它们共同形成了更广、更深的主体合作网络，大大延伸了 Uber 服务的广度。

(2)Uber 服务消费主体

Uber 专车服务的服务消费主体为乘坐专车的乘客，因此主体类别是人。乘客在用车时，需要提供自己的姓名、联系电话等信息，对应服务消费主体的主体名称、文字描述、联系信息等属性。同时，根据乘客使用 Uber

服务的频率等属性，可将不同乘客细分为主要目标客户与次要目标客户，并对不同客户群体实施不同运营策略，从而提高业务质量与收益。在乘车结束后，乘客还要对服务的满意度进行评价，并对服务进行反馈。

(3)车辆共享服务目标

服务目标分为物理目标、数字目标、虚拟目标以及情感目标。专车服务的物理目标即将乘客从出发地送往目的地。该目标包含多个子目标，如下单、车辆指派、路线规划、费用支付等，其期望变量为乘客的位置，预期状态为将乘客的位置转移到目标位置，前置条件包括车辆情况良好、用户账户余额足够等，服务完成后还要满足费用支付、服务评价等后置条件。预期结果是顺利将乘客送到要求位置，即完成所有子目标。该服务目标的截止时间则与路况和距离等实际情况有关。

数字目标主要指可直接用数字衡量的指标，包括目标订单数、目标注册司机数、目标注册用户数等多个子目标。期望变量为各子目标的数值，预期状态为各子目标期望变量达到目标值；前置条件包括 Uber 平台运行正常、Uber 服务推广情况良好等；预期结果是各个子目标的完成度，如 100%完成目标订单数；后置条件包括目标完成情况的数据分析；该服务目标的截止时间可以为一周，也可以为一个月，由 Uber 企业管理决策层决定。

情感目标主要是指在服务过程中让客户享受令人愉悦的服务，从而建立一种亲密的客户关系，提高用户黏性。

(4)Uber 共享服务载体

显然，Uber 专车服务的服务载体是由一系列原子载体组成的组合载体，原子载体包括 Uber 应用程序客户端、Uber 后台服务器、车辆、交通信息平台、支付平台等。其中，Uber 应用程序客户端和后台服务器是序列关系，Uber 平台和车辆是协作关系，不同支付平台间是互斥关系，车辆和支付平台之间无直接相关关系。每个原子载体都有对应的载体名称、载体类别、文字描述等属性信息。

(5)Uber 共享服务过程

服务过程分为服务交付前置过程、服务交付过程以及服务交付后续过程。

服务交付前置过程主要指 Uber 企业将该服务推向用车消费主体的过程，即服务推广的渠道通路。在这个过程中，大部分目标消费主体是被动参与的。服务交付前置过程的衡量指标包括新用户增加数量、广告浏览量等。

专车服务的交付过程包含多个子过程，如车辆预约、平台派单、司机响应、路线规划、服务支付等。每个子过程都有其对应的输入、输出参数和条件及结果信息。此外，服务的质量信息备受重视，包括价格、时间、可用性以及评价等。专车服务需要遵守Uber企业的一系列规定与制度。服务过程中的行驶路线、速度等需要乘客和司机协商决定。表2.1是服务交付过程中核心子过程的相关参数。

服务交付后续过程指Uber企业等服务提供主体根据客户对用车服务的评价反馈以及系统订单信息调整运营策略，从而提高服务质量。比如Uber企业可对评分高的专车司机实行一定的奖励机制，激励其他专车司机提高服务素质，从而为用车客户提供更好的服务。

表2.1 服务交付过程中核心子过程的相关参数

服务	条件	结果	质量	参数
车辆预约	用户下单	用车请求发送	预约时间	用户信息、起始地址
平台派单	预约请求、车辆状况	用户与车辆匹配	派单合理性（用时、距离）	车辆信息、预约信息
司机响应	车辆空闲	接单成功	响应时间	订单信息
路线规划	司机接单	生成行驶路线	规划效率、合理性	路况信息、订单信息
服务支付	行程完成	支付成功	支付响应时间	订单信息
服务评价	支付完成	评价成功	评价效果	评价内容

（6）Uber共享服务价值

专车服务产生的服务价值可以分为乘客感知的价值、司机获得的价值和第三方平台获得的价值三个部分。对于乘客来说，通过专车服务，乘客到达了自己的目的地，满足了自己精神上的需求（无形价值），或伴有物质收益（有形价值）；对于司机来说，服务执行完成后，司机可以获得乘客支付的费用（有形价值），如乘客给予好评，还将获得更高的评分（无形价值）；对于Uber管理平台以及支付平台等第三方平台来说，可以获得交易额的提升（有形价值），以及更高的社会影响力和知名度（无形价值）。

- 私家车主获得的价值

Uber车辆共享服务中车主获得的价值可形式化为：

$$V=(B-C+E,CON)$$

B 表示车主在车辆共享服务过程中获得的经济收益(即打车费),以及这次交易过程中的心理需求满足程度。

C 表示车主在车辆共享服务过程中所付出的金钱成本和劳动成本,包括油费、车辆维护费用、时间成本等。

E 表示该次车辆共享服务过程对未来的服务过程的潜在影响,如在服务过程中乘客给车主打了好评,则该次服务使得未来服务的价值收益将变高。

CON 表示车主在车辆共享服务过程中的要求和约束,如车主约束乘客的目的地不能太远、客户必须及时付费等硬性价值约束。

- 乘客感知的价值

Uber 车辆共享服务中乘客感知的价值也可形式化为:

$$V = (B - C + E, CON)$$

B 表示乘客对车辆共享服务过程的心理需求满足程度。

C 表示乘客在车辆共享服务过程中产生的服务费用。

E 表示乘客的信誉度,衡量客户该次打车过程对将来打车过程的影响。

CON 表示乘客对车辆共享服务的具体约束,如硬性要求打车服务的等待时间为 5 分钟,若超过时限,则服务消费方的感知价值为 0。

- Uber 的平台价值

Uber 的平台价值可以通过如下公式衡量:

平台价值=车辆自身价值×(开发价值-抵达难度)×需求刚度×用户规模+补贴

Uber 平台的共享资源主要为闲置汽车,因此共享资源自身价值即为共享车辆自身的价值。

Uber 平台的开发价值表示私家车主将闲置的车辆进行共享后对乘客产生的价值,可以理解为车主在共享汽车过程中获取的利润或者乘客通过 Uber 平台获取服务而产生的价值。对于 Uber 平台而言,希望开发价值能尽量高,即车主和乘客通过平台交易所能获取的价值更高。

Uber 平台的抵达难度表示乘客通过 Uber 平台使用车辆共享服务所付出的成本,如通过平台打车软件打到车的难度、等待打车服务的时间、平台定价的高低等。对于 Uber 平台而言,乘客通过使用平台的服务产生的价钱成本、时间成本、精力成本、体力成本尽可能低,才能实现平台价值的最大化。

Uber 平台的需求刚度表示乘客对出行打车这项服务的需求。由于出行服务需求几乎每人都有,因此车辆共享服务是大众的刚需,并且 Uber 平台所提供的产品和服务相比于传统出租车行业改善了打车难、客户体验差、车内环境差等痛点,因此庞大的需求是 Uber 平台价值的基础。

Uber 平台的用户规模即为 Uber 平台中私家车主与乘客的数量。Uber 平台在中国的日均用户量已经达到 100 万,巨大的用户规模让共享经济的平台优势体现得非常充分,也体现了 Uber 平台的巨大经济价值。

Uber 平台的补贴体现了其与其他车辆共享服务平台的竞争因素。Uber 平台为了吸引私家车主的参与,对车主的补贴力度非常大,包括每单奖励补贴、高峰期车费翻倍补贴、冲单奖励等。补贴是对车主和乘客使用 Uber 平台进行交易的一个激励方式,能帮助 Uber 平台扩大用户规模,引导用户消费行为,提升其相对其他打车平台的价值。

对 Uber 专车服务这一共享服务经济模式进行分析可知,现代服务业的推广与应用使得服务形式更加多样、服务应用更加泛化。“回型”服务模型对服务描述的扩展和改善使得共享服务的描述更加清晰与全面。

2.3 本章小结

服务模型语言定义是服务计算技术框架理论支撑的关键环节之一。基于“回型”服务关系模型的服务计算定义了以服务为核心、服务目标为度量标准,借助服务载体支持各种创新服务模式的服务过程。为了更加全面地表示不断涌现的各种新的服务模式和服务形态,本章定义了基于 OWL-S 的“回型”服务关系模型本体语言,主要包含服务提供主体、服务消费主体、服务目标、服务过程、服务价值、服务载体六大本体的具体属性及关系。通过分析共享经济实例,说明“回型”服务关系模型及本体语言能够更加全面深入地对服务进行建模和定义,为基于“回型”服务关系模型的服务计算新框架提供坚实基础。

参考文献

[1] 吴朝晖. 现代服务业与服务计算:新模型新定义新框架[J]. 中国计算机学会通讯, 2016, 12(4): 57-62.

[2] Gadrey J. The misuse of productivity concepts in services: Lessons from a comparison between France and the United States[J]. Productivity, Innovation and Knowledge in Services, 2002,16:26-53.
[3] 光超. 面向价值的服务模型分析与组合方法[D].哈尔滨:哈尔滨工业大学,2011.
[4] Felson M, Spaeth J L. Community structure and collaborative consumption: A routine activity approach[J]. American Behavioral Scientist, 1978, 21: 614-624.
[5] 尹建伟,邓水光,吴健,等.基于回型关系模型的共享服务研究[J].中国计算机学会通讯, 2017, 13(2): 18-23.

第3章　低资源下服务知识图谱构建与推理

3.1　概　述

3.1.1　低资源概念

随着互联网的不断发展,各种网络文本迅猛增加,从海量非结构化文本中提取出关键且易于存储的结构化信息已经吸引了研究界的大量关注,用能实现此目的的知识图谱(knowledge grophy, KG)构建相关任务的关系抽取和事件抽取也受到了广泛关注。关系抽取确定了文本实体间的语义关系,抽取出的信息可以被形式化表述为三元组,从而帮助构建知识图谱,该研究成果已在智能问答、搜索等领域起到了至关重要的作用。事件抽取则旨在从非结构化文本中提取结构事件信息。由于知识图谱面临信息不完整问题,相关任务知识图谱补全也备受关注。

不断深入的深度学习研究也给知识图谱构建和任务推理注入了新的活力,神经网络模型在此任务上取得了优于传统模型的效果。但深度学习模型的训练也受到相应限制,如需要大量的标注数据、会耗费大量的时间和精力等。低资源条件下的服务知识图谱构建及推理主要关注对应任务在更实际场景中的情况,即在出现的标注样例极度不均衡情况下,如何利用极少量的标注数据训练模型,使模型在少样本情况时尽可能实现好的效果。

3.1.2　低资源学习研究现状

低资源条件下主要有以下两类思路。

(1)度量学习:通过先验知识学习一个度量函数,利用度量函数将输入映射到一个子空间中,使得相似和不相似的数据对可以很容易地被分辨,通常用于分类问题。度量学习是子空间学习的一种。度量学习根据嵌入信息的类型,分为任务不变(task-invariant),任务待定(task-specific)和两者混合度量三种方法:①在 task-specific 方向,如文献[1]仅为训练数据学习了一个度量函数,只考虑目标任务的信息来进行子空间的度量学习。②在 task-invariant 方向,主要通过外部的大数据集来学习一个度量函数,如果一个模型在子空间中可以很好地进行分类,那么这个模型就可以直接应用于训练数据中进行分类。经典的 siamese 网络通过额外数据集学习一个度量函数,并通过两个参数共享的分支在子空间输出两分支图片的相似度完成分类[2]。文献[3]在 siamese 网络的基础上从低维子空间令网络学习一个可以辨别模糊语句的分类器。该方向还出现了利用元学习(meta learning)来不断优化嵌入函数的元度量学习(meta metric learning),即匹配网络[4],它是第一个使用元学习的嵌入学习方法,通过一个集合到集合(set-to-set)框架学习映射模型进行近邻分类。③混合度量同时考虑了目标任务的特定信息和外部数据集的信息,文献[5]提出了 LearNet 网络,其先利用外部数据集训练一个元学习器,再对目标任务生成一个 PupilNet 的参数。

(2)元学习:在少样本学习方向上优化从假设空间寻找最优参数的策略,主要有两种方法:①寻找一个合适的初始参数。此类方法即元表征(meta-representation),经典方法就是与模型无关的元学习方法(MAML)[6]。其核心思想在于寻找一个模型的初始值,使得该模型能在新任务的少量训练数据上进行快速学习。②学习一个优化器。此种策略聚焦于学习一个优化器来直接输出参数更新,文献[7]基于长短期记忆网络(long short-term mernory,LSTM)训练了一个元学习器,它是一个在给定迭代更新次数的情况下在每个任务下快速收敛分类器的模型。

3.2 低资源条件下的服务知识图谱构建

3.2.1 基于知识图谱嵌入和图卷积网络的长尾关系抽取

长尾关系是关系抽取数据集中样本量非常少的关系，但不容忽视。在目前广泛使用的关系抽取数据集 NYT 中，近 70%的关系是长尾的。由于可用的训练样例有限，所以处理长尾关系非常困难。因此，有人将知识从数据丰富且语义相似的头部关系迁移到数据贫乏的长尾关系。一个实体三元组的长尾关系可能与头部关系有层次关系，可以利用这种关系来缩小潜在的搜索空间以增强关系抽取的性能，并在预测未知关系时减少关系之间的不确定性。例如，一对实体包含/people/deceased_person/place_of_death（人/死亡地点）关系，则很可能包含/people/deceased_person/place_of_burial（人/埋葬地点）关系，如果能够有效学习和利用两种关系之间的知识，那么抽取头部关系将可以为长尾关系的预测提供依据。

目前解决长尾关系抽取的研究很有限，文献[8]提出一种"粗略到精细"的分层注意力的长尾关系抽取机制，特别针对长尾关系。受此启发，有人进一步结合头部关系和长尾关系之间的知识，将知识从头部关系转移到长尾关系。图 3.1 展示了这种知识迁移的思想。

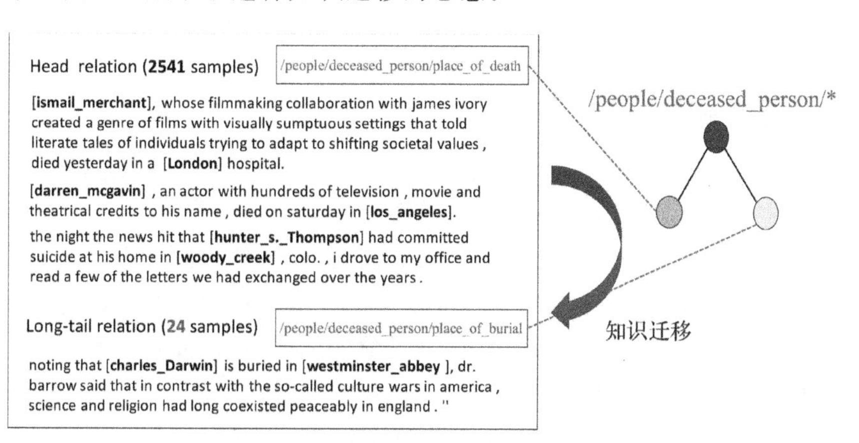

图 3.1 问题描述

基于知识迁移的思路，我们主要考虑两个问题。①学习关系知识：语义相似的类可能包含更多的关系信息，这将促进传递，而不相关的类（如/location/location/contains 和/people/family/country）通常包含较少的关系信息，可能导致负转移。②利用关系知识：将关系知识与现有的关系抽取模型相结合，具有挑战性。

为了解决学习关系知识的问题，我们使用类嵌入来表示关系类，并利用知识图谱和图卷积网络(graph convolutional network，GCN)分别提取隐性和显性的关系知识。在潜在空间中，相似关系的嵌入距离较近。如/people/person/place live（居住地）和/people/person/nationality（国籍）更相关，而/people/person/profession（职业）与前两种关系的关联较少，因此利用知识图谱是很自然的。但由于知识图谱中存在多对一关系，因此每个关系类的相关信息可能会被分散。换言之，关系类之间可能没有足够的关系关联信息。因此，我们利用卷积神经网络（convolutional neural network，CNN)来学习明确的关系知识。

为了解决利用关系知识的问题，首先使用卷积神经网络来得到句子的表示；然后引入“粗略到精细”的知识感知注意力机制，将关联知识与句子表示结合到表示向量中。关系知识不仅为关系预测提供了更多信息，还为注意力模块提供了更好的参考信息，提高了长尾关系抽取的性能。模型的整体架构如图 3.2 所示。

给定一个知识图谱 $K=(E,R,F)$，E 代表实体集合，R 代表关系集合，F 代表事实集合。$(h,r,t)\in F$ 表示实体 $h,t\in E$ 间存在关系，$r\in R$。

模型主要分为三部分。

(1)实例编码

给定一个提及两个实体的实例 $s=\{w_1,w_2,\cdots,w_n\}$，原始实例编码为连续的低维向量 $\boldsymbol{x}$，其由嵌入层和编码层组成。

嵌入层用于将实例中的离散单词映射到连续的输入嵌入中。对于每个单词 w_i，将它与两个实体的相对距离嵌到两个 d_p 维向量中，然后将单词嵌入和位置嵌入连接起来，得到每个单词最终输入的嵌入，并整合所有输入实例的嵌入。这样就得到了输入到编码层的嵌入序列。

编码层旨在将给定实例的输入嵌入组合成其对应的实例嵌入。这部分选择了卷积神经网络和分段卷积神经网络（piece-wise-CNN，PCNN）两种卷积神经结构，将输入嵌入编码为实例嵌入。

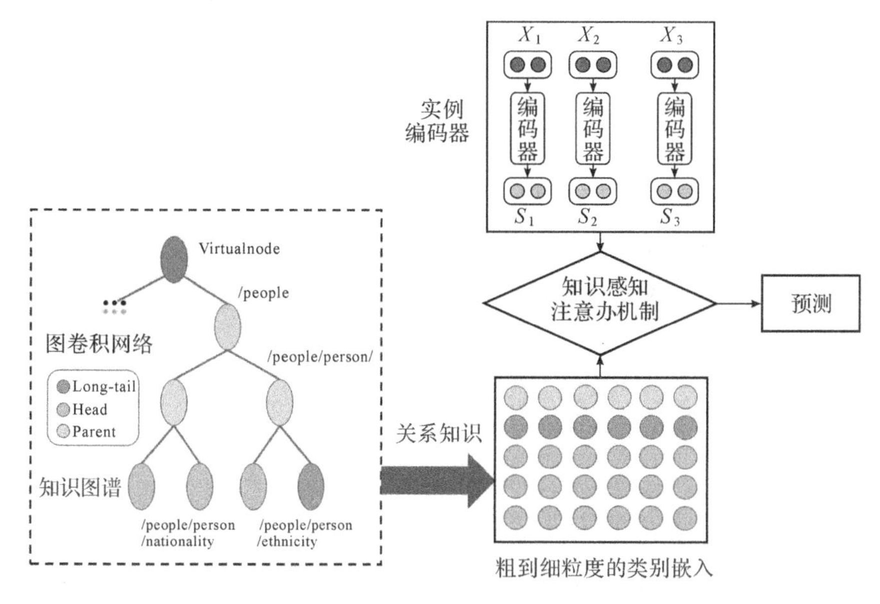

图 3.2　基于知识图谱与图卷积网络的长尾关系抽取的模型架构

(2)知识图谱和 GCN 学习关系知识

给定预训练的知识图谱和预定义的类(关系)层次结构,利用来自知识图谱的隐式关系知识初始化层次结构标签图。

一个给定的知识图谱的基本关系集合 R 可以生成更高等级的关系集合 R^H。关系层次结构是树状的,从一个虚拟的父节点 R^0 开始构建层次结构,层次关系集合 $\{R^0,R^1,\cdots,R^L\}$ 通过 $L-1$ 次处理得到。通过 TransE 预训练知识图谱,初始化最底层中每个节点的向量。通过各个子节点的平均值来初始化父节点向量。

应用两层 GCN 来学习标签空间中明确的细粒度关系知识,将父子的标签向量组合起来形成第 i 个标签:

$$\boldsymbol{v}_i^1 = f\left(W^1 \boldsymbol{v}_i + \sum_{j\in N_p} \frac{W_p^1 \boldsymbol{v}_j}{|N_p|} + \sum_{j\in N_c} \frac{W_c^1 \boldsymbol{v}_j}{|N_c|} + b_g^1\right)$$

其中,f 是修正线性单元函数,$N_c(N_p)$ 是第 i 个标签子(父)节点的索引集合。使用不同的参数来区分每个边的类型,父边代表高级标签的所有边,子边代表低级别标签的所有边。第二层与第一层相同,输出显式关系嵌入 $\boldsymbol{v}_i^{\text{explicit}}$。最后连接预训练的隐式关系嵌入 $\boldsymbol{v}_i^{\text{implicit}}$ 和 GCN 节点向量 $\boldsymbol{v}_i^{\text{explicit}}$,得到层次类嵌入:

$$\boldsymbol{q}_r = \boldsymbol{v}_i^{\text{implicit}} \parallel \boldsymbol{v}_i^{\text{explicit}}，其中\boldsymbol{q}_r \in \mathbf{R}^{d+q}$$

(3)知识感知注意力

把 $\boldsymbol{q}_r$ 作为层次注意力查询向量，计算每一层标签图上的注意力，以获得相应的文本关系：

$$r_{h,t}^i = \text{ATT}(q_r^i, \{s_1, s_2, \cdots, s_m\})$$

不同层次对不同三元组有不同贡献，因此使用注意力机制来强调层次。把不同层次的文本关系表示语句串联起来作为最终的表示，计算最终的条件概率：

$$P(r \mid h, t, S_{h,t}) = \frac{\exp(o_r)}{\sum_{\tilde{r} \in R} \exp(o_{\tilde{r}})}$$

最后，整体的得分函数为：

$$o = \boldsymbol{M} r_{h,t}$$

其中，$\boldsymbol{M}$ 为计算关系得分的表示矩阵。注意权值 q_r^i 由 GCN 和预训练的知识图谱输出得到，它比数据驱动的学习提供更多的信息参数，特别是对于长尾关系。

最后在 NYT 数据集上进行实验，对比众多关系抽取方法(如 Mintz 方法，Hoffmam 方法和 MIMLRE 方法)，书中提出的模型效果均有提升(＋KATT表示本书方法，＋HATT 表示分层注意力方法，＋ATT 表示常规注意力方法，＋ADV 表示去噪注意力方法，＋SL 表示使用软标签方法)。实验结果如图 3.3，图 3.4，表 3.1 和表 3.2 所示。

表 3.1 准确率

训练实例 Hits@K(Macro)		<100			<200		
		10	15	20	10	15	20
CNN	＋ATT	<5.0	<5.0	18.5	<5.0	16.2	33.3
	＋HATT	5.6	31.5	57.4	22.7	43.9	65.1
	＋KATT	9.1	41.3	58.5	23.3	44.1	65.4
PCNN	＋ATT	<5.0	7.4	40.7	17.2	24.2	51.5
	＋HATT	29.6	51.9	61.1	41.4	60.6	68.2
	＋KATT	35.3	62.4	65.1	43.2	61.3	69.2

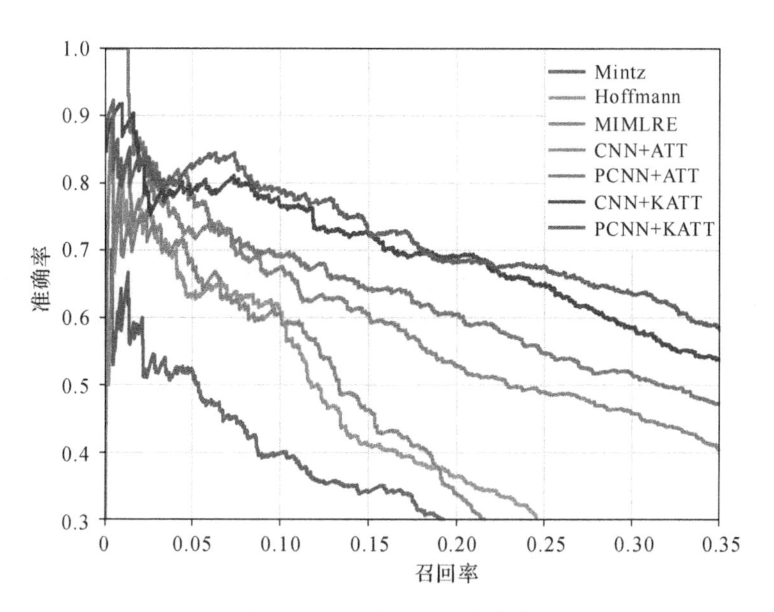

图 3.3 准确率—召回率曲线

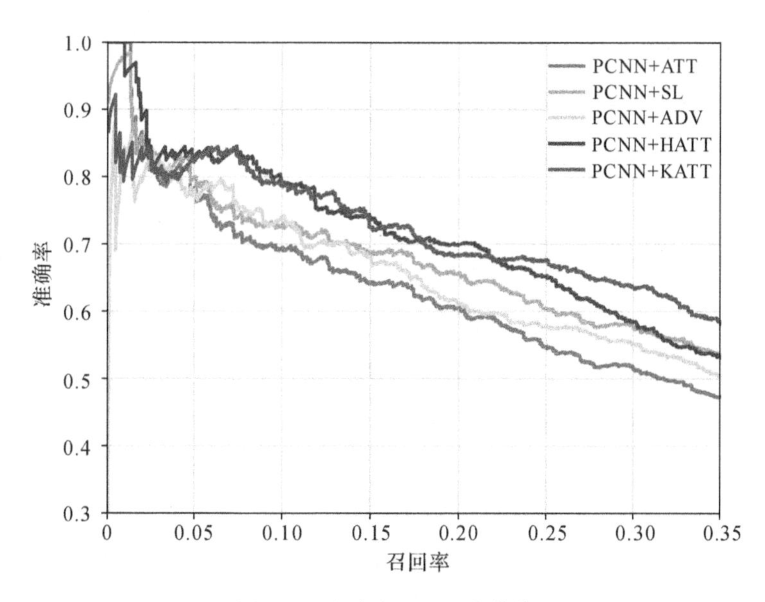

图 3.4 准确率—召回率曲线

表 3.2 消融实验

训练实例 Hits@K(Macro)	<100			<200		
	10	15	20	10	15	20
+KATT	35.3	62.4	65.1	43.2	61.3	69.2
w/o hier	34.2	62.1	65.1	42.5	60.2	68.1
w/o GCN	30.5	61.9	63.1	39.5	58.4	66.1
Word2Vec	30.2	62.0	62.5	39.6	57.5	65.8
w/o KG	30.0	61.0	61.3	39.5	56.5	62.5

注：w/o hier 表示不包含"粗略到精细"的注意力方法；w/o GCN 表示不使用 GCN 的方法；Word2Vec 表示用预训练表示初始化的方法；w/o KG 表示使用随机初始化，即使用没有来自 KG 先验知识的方法。

我们还可视化了关系类的嵌入，对比图 3.5 中图(a)和图(d)发现，语义上相似的关系类嵌入更接近 GCN 和预训练的 KG 嵌入，这有助于选择长尾关系；对比图(b)和图(c)发现，KG 嵌入和 GCN 对不同关系与学习不同类之间的关系知识有不同的贡献；图(d)显示，仍有一些语义相似的类嵌入分布相隔很远，这会降低长尾关系的优异性能。这可能是因为层次结构图的稀疏性，也可能是因为 GCN 中具有相同父节点的节点被同等处理了。

3.2.2 基于动态记忆的原型网络元学习的少样本事件检测

事件抽取(event extraction, EE)是一项旨在从非结构化文本中提取结构事件信息的任务，可以分事件检测(event detection)与元素抽取(argument extraction)两个子任务。事件检测需要找到事件描述文本中的触发词，并将其对应到指定的事件类型；元素抽取需要找到事件的参与元素，并划分它们在事件中扮演的角色。基于目前事件抽取数据集的稀疏问题，以及考虑到现实世界中的新事件层出不穷，我们重新审视了事件检测任务。在元学习的设置下，我们将事件检测建模成少样本学习任务(遵循 *N*-Way-*K*-Shot 的实验设定)，并称之为少样本事件检测(functional stomach evacuating disturbance,FSED)。

我们提出了一个基于动态记忆的原型网络(dynamic-memory-based prototypical network,DMB-PN)，该网络利用动态记忆网络(default mode

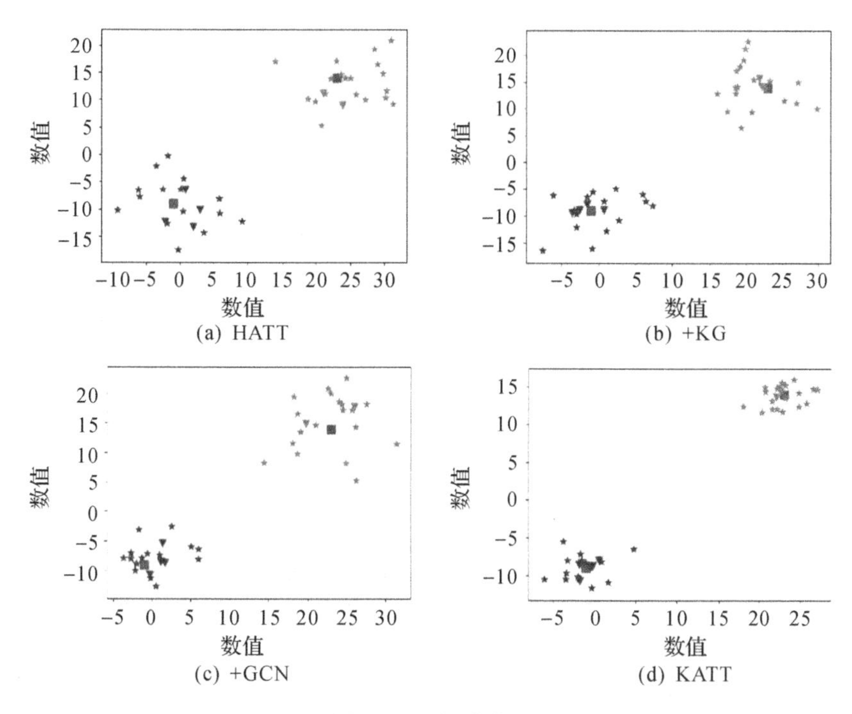

图 3.5 可视化分析

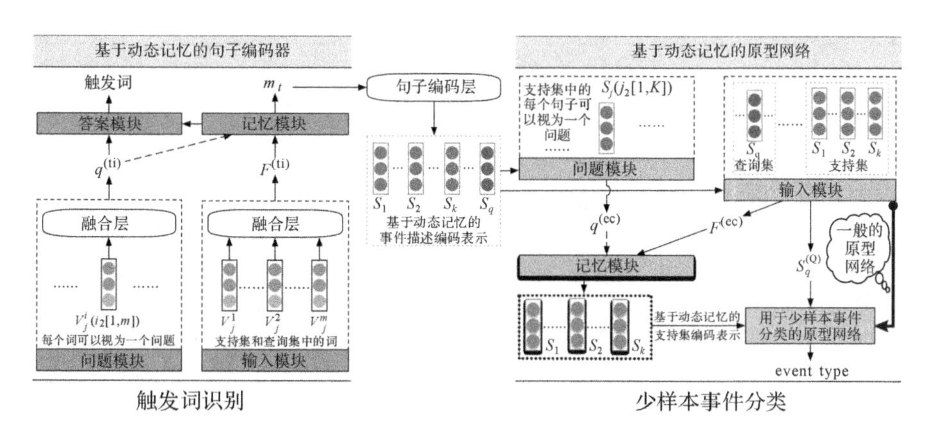

图 3.6 DMB-PN 模型架构

network,DMN)为事件学习提供更好的原型,如图 3.6 所示。传统的原型网络简单通过平均计算事件描述(event mention)文本的编码来表示事件原型,这样的做法只会用到一次 event mention 编码。考虑到每个事件的样本较少,我们希望尽可能多地利用样本信息,因此区别于传统的原型网络,

DMB-PN 整合了 DMN，会多次从 event mention 中提取上下文信息，多次使用 event mention 编码，并且进行记忆存储和更新。我们分别在固定事件类别数 N 的设置下进行 K-Shot 评估，以及在固定每个事件类样本数 K 的设置下进行 N-Way 评估。实验表明，DMB-PN 不仅比原型网络处理样本稀疏性的性能更好，还在类型数目增多和样本数目减少的时候性能更加稳定。

此外，DMN 还用于学习模型中的事件原型和句子编码。具体来说，我们在典型的 DMN 模块中使用触发词作为问题来产生存储向量，从而产生对触发词更敏感的句子编码。DMN 的多跳机制使它更有利于充分利用事件实例，因此基于 DMN 的模型在句子编码方面更健壮，特别是在少样本场景中。

实验结果如表 3.3，表 3.4 和图 3.7 所示。

表 3.3 5-Way-X-Shot 的实验结果比较

模型	编码器	度量模型	5-Way-5-Shot		5-Way-10-Shot		5-Way-15-Shot	
			$F1$	准确率（$+m$）	$F1$	准确率（$+m$）	$F1$	准确率（$+m$）
BRN-MN	Bi-LSTM	Match	58.19	58.48（+0）	61.26	61.45（+0）	65.55	66.04（+0）
CNN-MN	CNN	Match	59.3	60.04（+1.56）	64.81	65.15（+3.70）	68.35	68.58（+2.54）
SAT-MN	Self-Attn	Match	63.05	64.32（+5.84）	66.93	67.62（+6.17）	69.13	69.80（+3.76）
DMN-MN	DMN	Match	66.09	67.18（+8.70）	68.92	69.33（+7.88）	70.88	71.17（+5.13）
BRN-PN	Bi-LSTM	Proto	62.42	62.72（+4.24）	64.65	64.71（+3.26）	68.23	68.39（+2.35）
CNN-PN	CNN	Proto	63.69	64.89（+6.41）	69.64	69.74（+8.29）	70.42	70.52（+4.48）
SAT-PN	Self-Attn	Proto	68.09	68.79（+10.31）	71.03	71.25（+9.80）	72.33	72.47（+6.43）
DMN-PN	DMN	Proto	72.08	72.43（+13.95）	72.47	73.38（+11.93）	73.91	74.68（+8.64）
BRN-MPN	Bi-LSTM	M-Proto	63.19	63.78（+5.30）	65.16	65.33（+3.88）	69.43	69.91（+3.87）

续表

模型	编码器	度量模型	5-Way-5-Shot		5-Way-10-Shot		5-Way-15-Shot	
			$F1$	准确率(+m)	$F1$	准确率(+m)	$F1$	准确率(+m)
CNN-MPN	CNN	M-Proto	66.01	66.87 (+8.39)	68.06	68.17 (+6.72)	71.38	71.99 (+5.95)
SAT-MPN	Self-Attn	M-Proto	70.97	71.58 (+13.10)	72.21	72.49 (+11.04)	73.64	74.12 (+8.08)
DMB-PN	DMN	M-Proto	73.59	73.86 (+15.38)	73.99	74.82 (+13.37)	76.03	76.57 (+10.53)

注：m 为提升百分比，单位为%。

表 3.4　10-Way-*X*-Shot 的实验结果比较

模型	编码器	度量模型	10-Way-5-Shot		10-Way-10-Shot		10-Way-15-Shot	
			$F1$	准确率(+m)	$F1$	准确率(+m)	$F1$	准确率(+m)
BRN-MN	Bi-LSTM	Match	46.43	47.62 (+1.82)	51.97	52.60 (+1.93)	56.27	56.47 (+1.98)
CNN-MN	CNN	Match	44.85	45.80 (+0.00)	50.14	50.67 (+0.00)	54.13	54.49 (+0.00)
SAT-MN	Self-Attn	Match	49.95	51.17 (+5.37)	55.62	56.68 (+6.01)	60.18	60.53 (+6.04)
DMN-MN	DMN	Match	52.81	54.12 (+8.32)	58.04	58.38 (+7.71)	61.63	62.01 (+7.52)
BRN-PN	Bi-LSTM	Proto	53.15	53.59 (+7.79)	55.87	56.19 (+5.52)	60.34	60.87 (+6.38)
CNN-PN	CNN	Proto	51.12	51.51 (+5.71)	53.8	54.01 (+3.34)	57.89	58.28 (+3.79)
SAT-PN	Self-Attn	Proto	58.09	58.42 (+12.62)	60.43	61.57 (+10.90)	65.01	65.89 (+11.40)
DMN-PN	DMN	Proto	59.95	60.07 (+14.27)	61.48	62.13 (+11.46)	65.84	66.31 (+11.82)
BRN-MPN	Bi-LSTM	M-Proto	55.13	55.28 (+9.48)	56.69	57.52 (+6.85)	61.25	61.76 (+7.27)
CNN-MPN	CNN	M-Proto	53.01	53.38 (+7.58)	55.63	55.78 (+5.11)	59.34	60.08 (+5.59)
SAT-MPN	Self-Attn	M-Proto	60.1	60.55 (+14.75)	62.45	62.82 (+12.15)	66.83	66.99 (+12.50)

续表

模型	编码器	度量模型	10-Way-5-Shot		10-Way-10-Shot		10-Way-15-Shot	
			$F1$	准确率（$+m$）	$F1$	准确率（$+m$）	$F1$	准确率（$+m$）
DMB-PN	DMN	M-Proto	60.98	62.44（+16.64）	63.69	64.43（+13.76）	67.84	68.35（+13.86）

m 为提升百分比，单位为%。

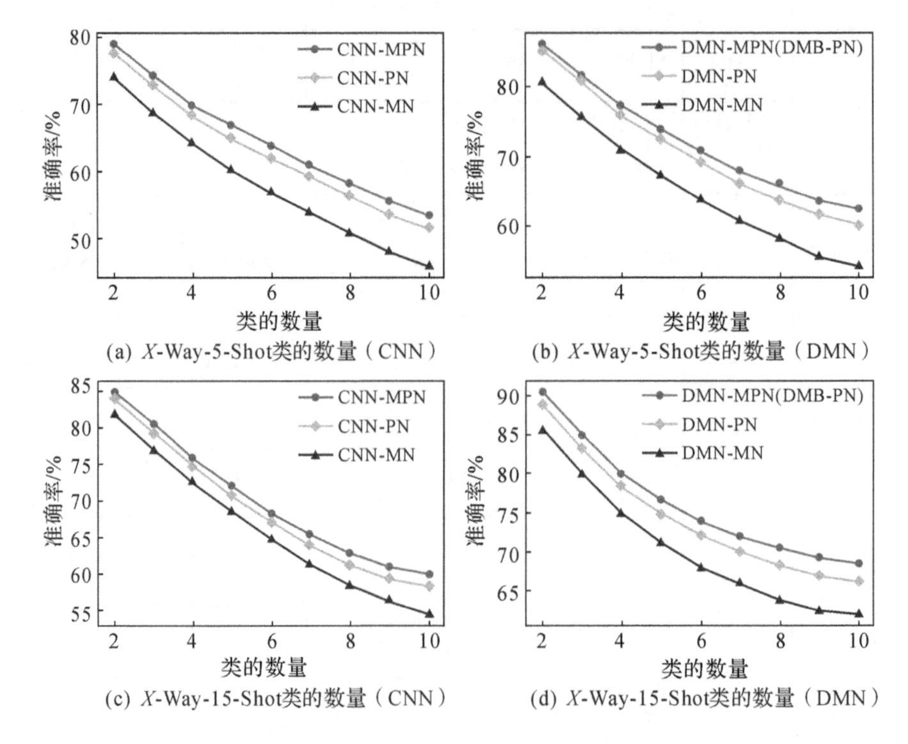

图 3.7　X-Way-5/15-Shot 的准确率实验结果比较

总而言之，该研究工作的主要贡献有：①正式定义和提出“少样本事件检测”的新问题，并生成一个专门针对该问题的新数据集(Few Event)；②提出一个基于动态记忆的原型网络的新框架 DMB-PN，该框架利用动态记忆网络，不仅可以为事件类型学习提供更好的原型，还可以为事件描述文本生成更健壮的句子编码；③实验表明，与记忆机制集成的原型网络的性能优于一系列的传统模型，特别是当事件类型的种类相对较多且样本数量非常少时，这是因为它具有从事件实例中多次提取上下文信息的能力。

3.2.3 基于本体嵌入实现低资源事件抽取

事件检测旨在从给定的文本中识别事件触发词，并将其分类为事件类型。目前，事件检测的大多数方法在很大程度上依赖于训练实例，几乎忽略了事件类型之间的相关性。因此，它们往往会面临数据匮乏的问题，并且无法处理新的未见过的事件类型。为了解决这些问题，我们将事件检测重构成事件本体填充的过程，即将事件实例连接到事件本体中的预定义事件类型，并提出一种新颖的借助本体嵌入进行事件检测的框架——OntoED。我们通过建立事件类型之间的联系来丰富事件本体，并进一步推理出更多的事件对之间的关联。OntoED 可以基于事件本体实现事件知识的利用和传播，特别是从高资源传播到低资源。此外，OntoED 可以通过建立未知事件类型与现有事件的链接，实现对新的未见事件类型的检测，如图3.8所示。

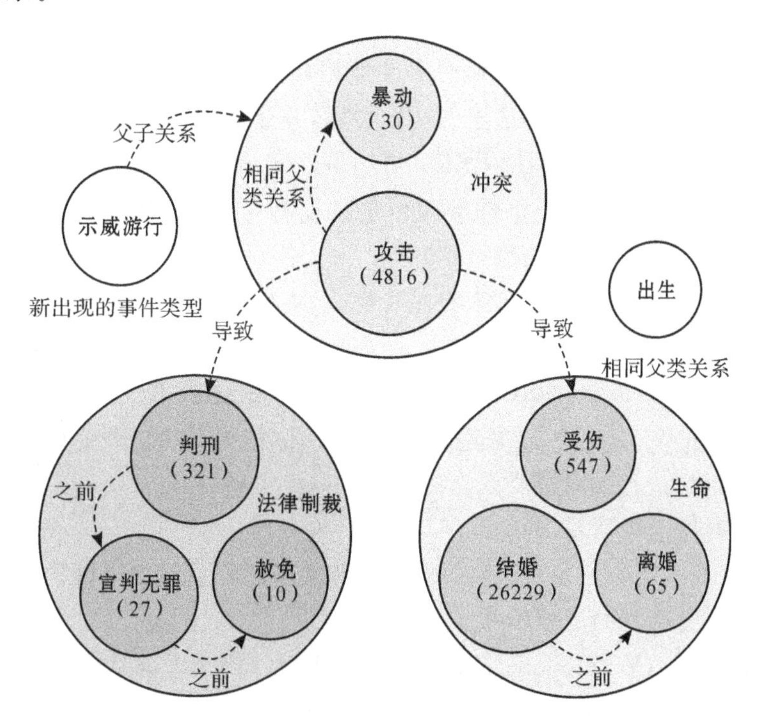

图3.8 低资源场景下事件类别之间的隐含关联

具体来说，OntoED 模型分为三阶段(见图3.9)。

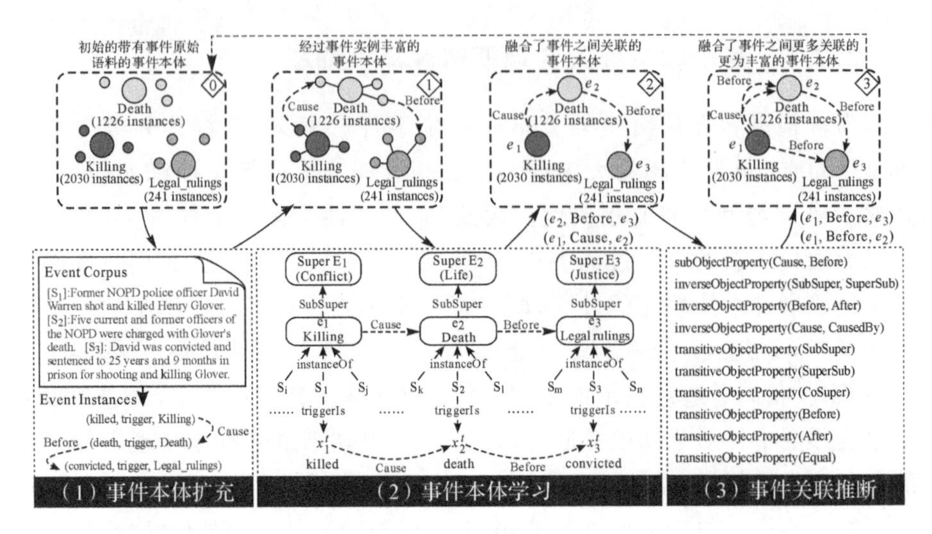

图 3.9　OntoED 模型

（1）事件本体扩充

初始的事件本体包含孤立的事件类型和事件实例，这一阶段就是为了建立起事件类型和事件实例间的初始关联，并建立起事件实例间的联系。

Instance Encoder：利用 BERT 得到事件实例表示 $\boldsymbol{X}_i$。

Class Encoder：每个事件类型由事件原型 $\boldsymbol{P}_i$ 表示，初始的事件原型通过计算事件实例表示的均值得到。

Event Detector：通过计算事件实例表示 $\boldsymbol{X}_i$ 和事件原型 $\boldsymbol{P}_i$ 之间的向量距离进行事件检测。

Instance Relation Extractor：抽取事件实例之间的关系，利用 $\boldsymbol{X}_{ij}^p = [\boldsymbol{X}_i, \boldsymbol{X}_j, \boldsymbol{X}_i \odot \boldsymbol{X}_j, \boldsymbol{X}_i - \boldsymbol{X}_j]$ 来建模两个事件实例间的相互作用，并用 softmax 函数进行关系分类。

（2）事件本体学习

在事件本体学习阶段，通过事件实例之间的联系建立事件类型间的联系，得到更为丰富的事件本体。

Ontology Completion：主要包含建模事件实例的内部结构（instance-to-class linking）以及事件类型之间关联的外部结构（class-to-class linking）。

Ontology Embedding：主要包含原型传播和原型更新。在原型传播阶段，每个事件原型会传播到与它邻接的事件原型上，我们用 $d \times d$ 的矩阵 $\boldsymbol{M}_r$ 表示事件对之间的关系；在原型更新阶段，每个事件原型的表示更新成自身的原型表示与邻接原型传播得到的表示的加权平均。

传播到每个事件原型的表示如下：

$$\boldsymbol{P}_t^* = \sum_{\langle e_h^i, r_i, e_t \rangle \in O_t} \boldsymbol{P}_h^i \boldsymbol{M}_{r_i}$$

事件原型更新后的表示如下：

$$\boldsymbol{P}_t = \lambda \boldsymbol{P}_t + (1-\lambda) \boldsymbol{P}_t^*$$

(3)事件关联推断

在事件关联推断阶段，通过上一阶段得到的事件间的关联推断出更多事件对之间的联系，如 $(e_1, CAUSE, e_2) \rightarrow (e_1, BEFORE, e_2)$；$(e_1, BEFORE, e_2) \wedge (e_2, BEFORE, e_3) \rightarrow (e_1, BEFORE, e_3)$。

给定 grounding $(e_h^I, r^I, e_t^I) \leftarrow (e_h^1, r^1, e_t^1), \cdots, (e_h^n, r^n, e_t^n)$，通过计算它的得分来判断事件之间关联推断成立的可能性。

本体语言 OWL2 中所定义的关系的对象属性见表 3.5。

表 3.5 OWL2 中定义的关系的对象属性

对象属性公理	对应的事件关系实例
$subOP(r_1, r_2)$	$(CAUSE, BEFORE)$
$inverseOP(r_1, r_2)$	$(SUBSUPER, SUPERSUB)$, $(BEFORE, AFTER)$, $(CAUSE, CAUSEdBy)$
$transitiveOP(r)$	$SUBSUPER, SUPERSUB, COSUPER, BEFORE, AFTER, EQUAL$

利用线性映射假设对关系矩阵的表示进行约束后的关系见表 3.6。

表 3.6 线性映射假设对关系矩阵的表示进行约束后的关系

对象属性公理	规则形式	线性映射假设	关系约束
$subOP(r_1, r_2)$	$(e_i, r_2, e_j) \leftarrow (e_i, r_1, e_j)$	$\boldsymbol{P}_i\boldsymbol{M}_{r_2} = \boldsymbol{P}_j, \boldsymbol{P}_i\boldsymbol{M}_{r_1} = \boldsymbol{P}_j$	$\boldsymbol{M}_{r_1} = \boldsymbol{M}_{r_2}$
$inverseOP(r_1, r_2)$	$(e_i, r_1, e_j) \leftarrow (e_i, r_2, e_j)$	$\boldsymbol{P}_i\boldsymbol{M}_{r_1} = \boldsymbol{P}_j, \boldsymbol{P}_j\boldsymbol{M}_{r_2} = \boldsymbol{P}_i$	$\boldsymbol{M}_{r_1}\boldsymbol{M}_{r_2} = I$
$transitiveOP(r)$	$(e_i, r, e_k) \leftarrow (e_i, r, e_j), (e_j, r, e_k)$	$\boldsymbol{P}_i\boldsymbol{M}_r = \boldsymbol{P}_k, \boldsymbol{P}_i\boldsymbol{M}_r = \boldsymbol{P}_j, \boldsymbol{P}_j\boldsymbol{M}_r = \boldsymbol{P}_k$	$\boldsymbol{M}_r\boldsymbol{M}_r = \boldsymbol{M}_r$

最后，通过计算 grounding 左右两边关系矩阵的表示差异得到 grounding 得分，即可以通过 grounding 右边的事件关联推断出 grounding 左边新的事件关联的可能性。

$$F'_p = \|\boldsymbol{M}_r^{\dagger} - \boldsymbol{M}_r^{\ddagger}\|_F, F_p = \frac{F_p^{\max} - F'_p}{F_p^{\max} - F_p^{\min}}$$

为了验证 OntoED 的效果，构造包含事件之间关系的事件抽取数据集——OntoEvent，如表 3.7 所示。

表 3.7 OntoEvent 与其他事件抽取数据集的比较

数据集	文档数量	实例数量	父类数量	子类数量	事件之间的关系数
ACE 2005	599	4090	8	33	无
TAC KBP 2017	167	4839	8	18	无
FewEvent	—	70852	19	100	无
MAVEN	4480	111611	21	168	无
OntoEvent	4115	60546	13	100	3804

分别在全量样本(见表 3.8)、少样本(见图 3.10)、零样本(见表 3.9)的数据上做实验。实验表明，OntoED 比以往的事件检测方法效果更佳，尤其是在低资源的情况下。

表 3.8 全量样本的效果

模型	触发词识别			事件分类		
	准确率/%	召回率/%	F 值	准确率/%	召回率/%	F 值
DMCNN	64.65±0.89	64.17±0.94	64.15±0.91	62.51±1.10	62.35±1.12	63.72±0.99
JRNN	65.94±0.88	66.67±0.95	66.30±0.93	63.73±0.98	63.54±1.13	66.95±1.03
JMEE	70.92±0.90	57.58±0.96	61.87±0.94	52.02±1.14	53.80±1.15	68.07±1.02
AD-DMBERT	74.94±0.95	72.19±0.91	73.33±0.97	67.35±1.01	73.46±1.12	71.89±1.03
OneIE	74.33±0.93	71.46±1.02	73.68±0.97	71.94±1.03	68.52±1.05	71.77±1.01
PathLM	75.82±0.85	72.15±0.94	74.91±0.92	73.51±0.99	68.74±1.03	72.83±1.01
OntoED	77.67±0.99	75.92±0.92	77.29±0.98	75.46±1.06	70.38±1.12	74.92±1.07

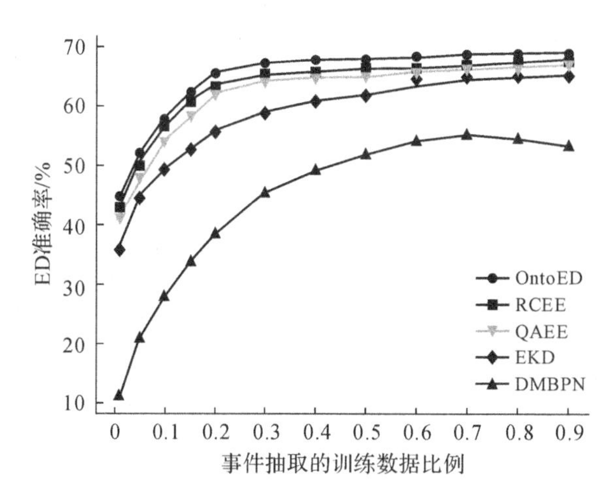

图 3.10　少样本的效果

表 3.9　零样本的效果

模型	准确率/%	召回率/%	F 值
EKD	32.58	31.77	32.17
QAEE	36.69	37.33	37.01
RCEE	37.45	36.83	37.14
ZSEE	40.92	44.18	43.02
OntoED	42.13	44.04	43.06

3.3　低资源条件下服务知识图谱推理

3.3.1　基于关系对抗网络的低资源服务知识图谱补全

知识图谱补全(knowledge graph completion,KGC),通过链接预测或关系抽取来补充知识图谱缺失的链接,主要困难之一是资源不足。KG 中存在许多实例很少的关系,且那些新添加的关系通常没有许多已知的训练样本。KG 大部分关系的样本都比较少,呈现出长尾分布,比起样本较多的关系,长尾关系的预测和抽取性能显著降低,如图 3.11 所示。①关系的链接预测结果与它们在 KG 中的频率高度相关,KG 中频率较高的关系明显优于频率较低的关系;②关系抽取的效果随着每个关系的样本数目减少而下降。本书的任务是在低资源条件下,预测 KG 中新的三元组,包括链接预测和关系抽取两个子任务。

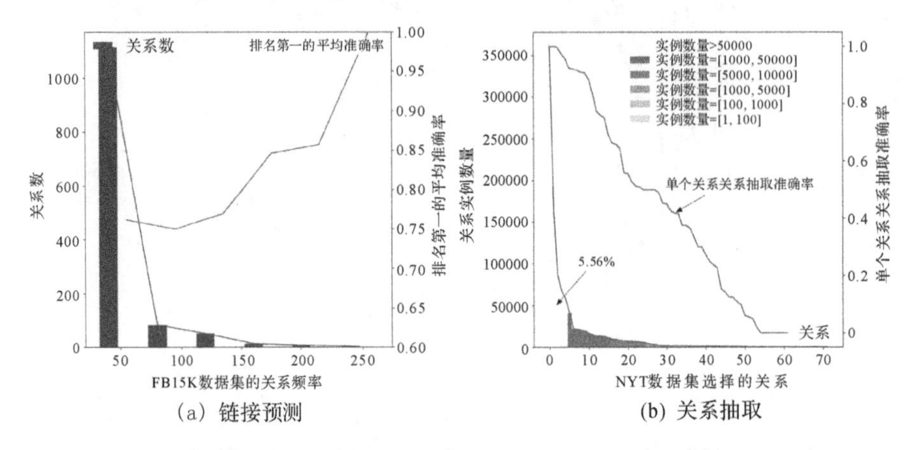

(a) 链接预测　　(b) 关系抽取

图 3.11　典型的 KGC 任务中的资源不足问题示例

我们提出一个加权关系对抗网络(weighted relation adversarial network,wRAN)的通用框架,该框架利用对抗过程,将从资源丰富的关系中学到的知识/特征,去适应不同但相关的低资源关系。wRAN 框架综合考虑了三部分问题:①对抗迁移学习,核心思想是通过对抗性学习过程提取领域不变性特征,该过程能够减少源域和目标域之间的分布差异;②关系对抗网络,学习通用的关系不变性特征,以此弄清不同关系背后的语言变化因素,并缩小相关关系之间的语言差异;③负迁移,区别于标准的 domain adaption 源域和目标域之间的标签空间完全相同且共享,wRAN 框架考虑从多个源关系到一个或多个目标关系的适应,并且考虑了不同的关系可能对迁移产生不同的影响,离群的源关系在与目标关系作判别时可能导致负迁移。wRAN 可以从三个源关系(place_of_death,place_of_birth,country)中学习通用的位置信息,然后将隐含的知识应用于目标关系(place_of_burial)以提高其预测性能,而 capital 关系则会导致负迁移,如图 3.12 所示。

具体地说,wRAN 框架利用关系判别器来区分来自不同关系的样本,并以此学习从源关系到目标关系易于迁移的关系不变性特征,主要包含以下三个模块(见图 3.13)。

(1)实例编码器,学习可转移的特征,这些特征可以弄清关系之间的语

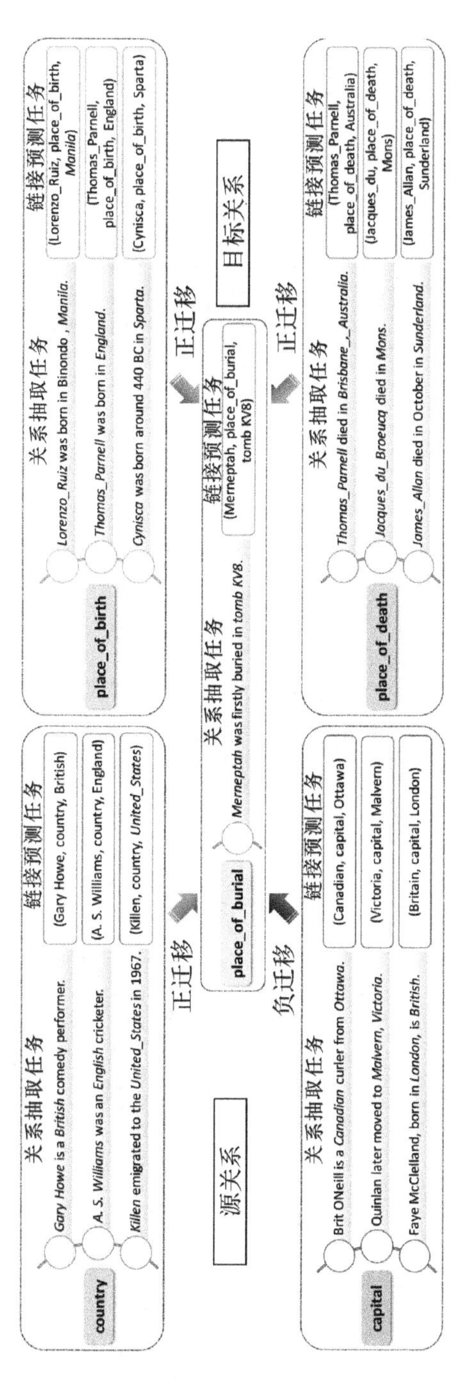

country
关系抽取任务
Gary Howe is a British comedy performer.
A. S. Williams was an English cricketer.
Killen emigrated to the United_States in 1967.
链接预测任务
(Gary Howe, country, British)
(A. S. Williams, country, England)
(Killen, country, United_States)
place_of_birth
关系抽取任务
Lorenzo_Ruiz was born in Binondo , Manila.
Thomas_Parnell was born in England.
Cynisca was born around 440 BC in Sparta.
链接预测任务
(Lorenzo_Ruiz, place_of_birth, Manila)
(Thomas_Parnell, place_of_birth, England)
(Cynisca, place_of_birth, Sparta)
源关系
正迁移
place_of_burial
关系抽取任务
Merneptah was firstly buried in tomb KV8.
链接预测任务
(Merneptah, place_of_burial, tomb KV8)
正迁移
目标关系
负迁移
正迁移
capital
关系抽取任务
Brit ONeill is a Canadian curler from Ottawa.
Quinlan later moved to Malvern, Victoria.
Faye McClelland, born in London, is British.
链接预测任务
(Canadian, capital, Ottawa)
(Victoria, capital, Malvern)
(Britain, capital, London)
place_of_death
关系抽取任务
Thomas_Parnell died in Brisbane_, Australia.
Jacques_du_Broeucq died in Mons.
James_Allan died in October in Sunderland.
链接预测任务
(Thomas_Parnell, place_of_death, Australia)
(Jacques_du, place_of_death, Mons)
(James_Allan, place_of_death, Sunderland)

图 3.12 关系适应示例

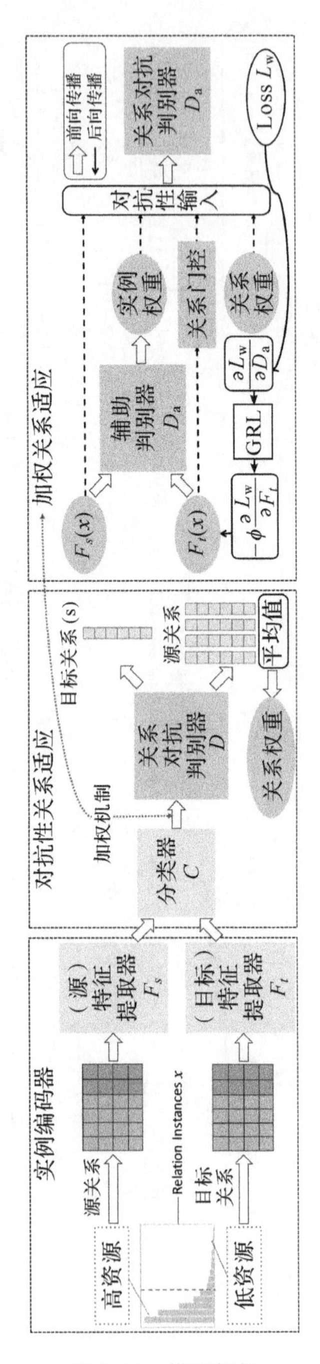
实例编码器
高资源
低资源
源关系
目标关系
Relation Instances x
（源）特征提取器 F_s
（目标）特征提取器 F_t
对抗性关系适应
分类器 C
加权机制
关系对抗判别器 D
目标关系(s)
源关系
平均值
关系权重
加权关系适应
$F_s(x)$
$F_t(x)$
辅助判别器 D_a
实例权重
关系门控
关系权重
GRL
$-\phi\frac{\partial L_w}{\partial F_t}$
$\frac{\partial L_w}{\partial D_a}$
对抗性输入
关系对抗判别器 D_a
Loss L_w
前向传播
后向传播

图 3.13 模型架构

言变化因素。考虑到模型性能和时间效率，本书使用 CNN 实现实例编码。其他神经架构(如 RNN)也可以用作编码器。

(2)对抗性关系适应(adversarial relation adaptation)，寻找可以区分具有不同关系分布的关系判别器。对抗学习有助于学习一个神经网络，该网络可以将目标样本映射到特征空间，从而使判别器不再将其与源样本区分开。

(3)加权关系适应(weighed relation adaptation)，可以识别无关的源关系并自动降低其重要性，以解决负迁移问题并鼓励正迁移。通过两个角度来评估每个源关系/样本对目标关系的重要性。提出关系门控机制，学习和控制细粒度的关系/样本权重。

通过低资源条件下链接预测和关系抽取两种 KGC 任务评估 wRAN 的性能。两类任务共享相同的对抗性学习框架，但具有不同类型的实例编码器。前者对一个关系的三元组编码，而后者学习句子特征。部分实验结果如表 3.10～3.14 与图 3.14～3.15 所示。

表 3.10 数据集

数据集	关系	实体	训练集	验证集	测试集
FB1.5M	4018	1573579	799104	20254	21251
FB15K-237-low	237	14541	272116	10576	11251
ACE05	6	19684	351	80	80
Wiki-NYT	60	32614	615691	231345	232549

表 3.11 实体预测的实验结果比较

模型	FB1.5M					FB15K-237-low				
	MRR	MR	HIT1	HIT3	HIT10	MRR	MR	HIT1	HIT3	HIT10
TransE	0.075	15932	0.046	0.087	0.128	0.203	325	0.105	0.235	0.312
TransH	0.079	15233	0.049	0.089	0.130	0.205	352	0.110	0.206	0.322
TransR	0.081	15140	0.050	0.090	0.135	0.209	311	0.095	0.265	0.342
TransD	0.085	15152	0.048	0.089	0.139	0.212	294	0.112	0.283	0.351
DistMult	0.065	21502	0.036	0.076	0.102	0.185	411	0.123	0.215	0.276
ComplEx	0.072	16121	0.041	0.090	0.115	0.192	508	0.152	0.202	0.296

续表

模型	FB1.5M					FB15K-237-low				
	MRR	MR	HIT1	HIT3	HIT10	MRR	MR	HIT1	HIT3	HIT10
ConvE	—	—	—	—	—	0.224	249	0.102	0.262	0.352
Analogy	0.116	13793	0.102	0.145	0.205	0.235	267	0.096	0.256	0.357
KBGAN	—	—	—	—	—	—	—	0.142	0.283	0.342
RotatE	0.125	10205	0.135	0.253	0.281	0.246	225	0.153	0.302	0.392
KG-BERT	0.119	13549	0.093	0.195	0.206	0.258	159	0.146	0.286	0.371
IterE	0.109	14169	0.073	0.175	0.186	0.238	178	0.152	0.275	0.361
wRAN	0.141	9998	0.199	0.284	0.302	0.262	139	0.212	0.354	0.415

表 3.12 三元组分类的实验结果比较

方法	FB1.5M	FB15K-237-low	平均值
TransE	56.6	74.2	65.4
TransH	56.9	75.2	66.1
TransR	56.4	76.1	66.3
TransD	60.2	76.5	68.4
DistMult	60.5	82.2	71.4
ComplEx	61.2	83.3	72.3
Analogy	63.1	85.2	74.2
ConvE	63.0	84.2	73.6
KG-BERT	67.2	87.5	77.4
IterE	65.2	86.4	75.8
wRAN	69.2	90.9	80.0

表 3.13 关系抽取的 F1 值比较(ACE05 数据集下标准和部分的关系适应)

适应模型	bc	wl	cts	平均值
FCM	61.90	—	—	—
Hybrid	63.26	—	—	—
CNN+DANN	65.16	55.55	57.19	59.30

续表

适应模型	bc	wl	cts	平均值
wRAN	66.15	56.56	56.10	59.60
CNN+DANN	63.17	53.55	53.32	56.68
wRAN	65.32	55.53	54.52	58.92

表3.14 无监督和有监督关系适应的前100、200和500个句子的关系抽取的精度值

准确率	前100	前200	前500	平均值
CNN (No DA)	0.62	0.60	0.59	0.60
PCNN (No DA)	0.66	0.63	0.61	0.63
CNN+DANN	0.80	0.75	0.67	0.74
CNN	0.85	0.80	0.69	0.78
PCNN	0.87	0.84	0.74	0.81
CNN+DANN	0.89	0.84	0.73	0.82
wRAN	0.85	0.83	0.73	0.80
+25%	0.88	0.84	0.75	0.82
+50%	0.89	0.85	0.76	0.82
+75%	0.90	0.85	0.77	0.83
+100%	0.88	0.86	0.77	0.83

该研究工作的主要贡献有:①率先提出将对抗迁移学习应用于解决低资源条件下知识图谱补全问题;②提出加权的关系对抗网络框架,利用关系判别器区分来自不同关系的样本,并以此学习从源关系到目标关系易于迁移的关系不变性特征;③提出一种关系门控机制,可以完全放宽共享标签空间的假设,这种机制可以挑选出离群的源关系/样本,并减轻这些不相关的关系/样本的负迁移,可以在端到端框架中对其进行训练;④实验表明,wRAN框架在低资源条件下的链接预测和关系抽取两个任务上均超过了目前最优模型的性能。

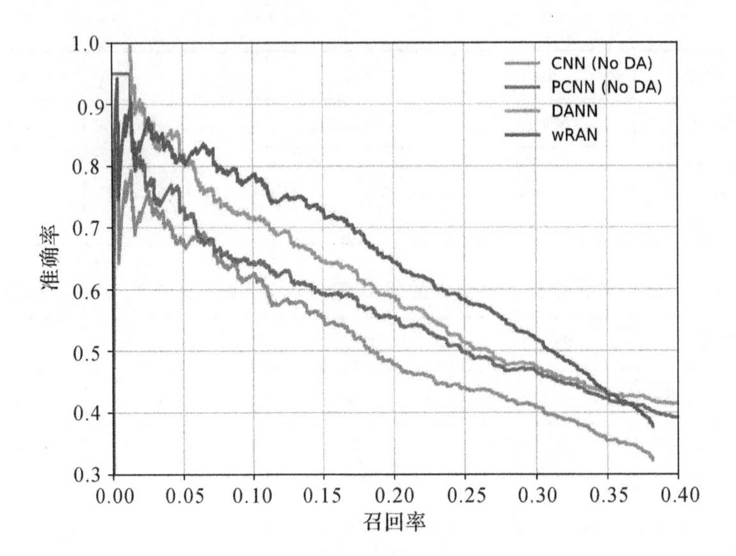

图 3.14 无监督适应关系抽取的实验结果

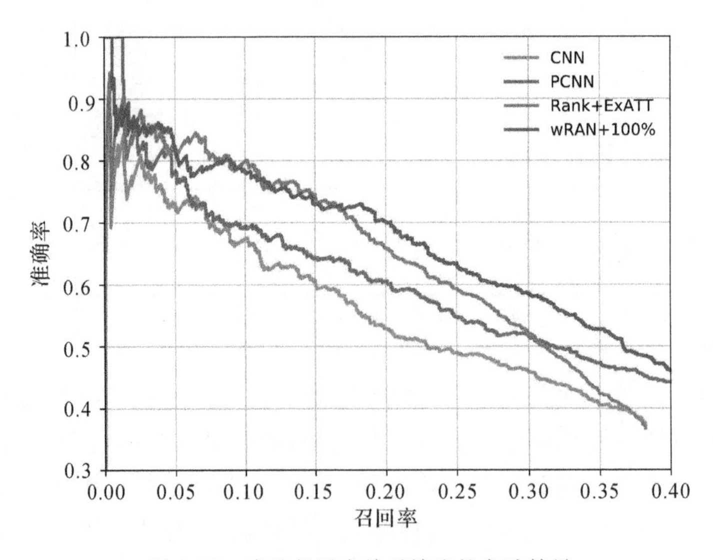

图 3.15 有监督适应关系抽取的实验结果

3.3.2 低资源商品知识图谱推荐

长尾效应现象在现代推荐系统(如阿里巴巴等电商平台推荐系统)中比较常见。该现象是指大部分的用户仅有极少量的交互,只有少量的用户会有丰富交互。现代推荐系统中存在的推荐方法和模型,尤其是基于协同过滤的模型，会严重受到长尾效应导致的低资源问题影响。为了解决推荐系统中的长尾效应，我们希望结合知识图谱来进行额外信息补全，以丰富商品和用户的嵌入表示。作为一个先验知识的来源，知识图谱在推荐系统中已经有所研究和应用，但少有探寻知识图谱在长尾推荐解决低资源问题中的研究。这里主要介绍一个基于知识图谱的长尾推荐框架（见图 3.16），解决长尾推荐中的低资源问题，该框架主要针对用户商品交互矩阵稀疏或者低资源的长尾推荐任务。算法中的符号及含义如表 3.15 所示。

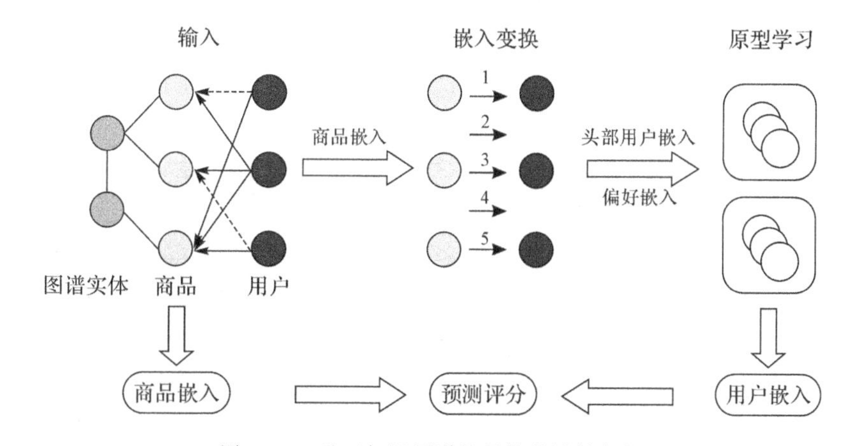

图 3.16　基于知识图谱长尾推荐计算框架

表 3.15　算法中的符号及含义

符号	含义
U	用户集合
V	商品集合
$\boldsymbol{R}$	已知的用户商品评分矩阵
G	包含商品 V 的知识图谱
h	知识图谱中头实体集合
r	知识图谱中关系集合
t	知识图谱中尾实体集合
$\boldsymbol{R}_{U_j}$	用户 U_j 的评分向量
$\lvert \boldsymbol{R}_{U_j} \rvert$	用户 U_j 的已知评分数量
$\boldsymbol{R}_{\text{pred}}$	预测用户商品评分矩阵

续表

符号	含义
E_{item}	商品嵌入表示
E_{user}	用户嵌入表示
U_{head}	头部用户
U_{tail}	长尾用户
α	长尾比例
$E_{U_{\text{head}}}$	头部用户嵌入表示
$E_{U_{\text{tail}}}$	长尾用户嵌入表示
$\boldsymbol{R}_{\text{head}}$	已知的头部用户商品评分矩阵
f	知识图谱表示学习模型
g	商品评分函数
E_{hidden}	用户隐表示
$\boldsymbol{h}_{U_j}$	用户 U_j 隐表示向量
r_{ij}	用户 U_j 对商品 V_i 的评分
c	聚类方法
C_{head}	头部聚类结果
c_k	聚类簇总数
E_{c_i}	第 i 个簇的中心嵌入
U_{c_i}	属于第 i 个簇的头部用户集合
d	距离评价函数

框架描述如下。

框架的输入数据包括用户集合 U、商品集合 V、已知的用户商品评分矩阵 $\boldsymbol{R}$ 以及包含所有商品的以三元组形式存在的知识图谱 G，框架的输出为预测用户商品评分矩阵 $\boldsymbol{R}_{\text{pred}}$。

第一步，利用知识图谱表示学习模型 f，如 TransE 等，对知识图谱 G 进行知识图谱嵌入表示学习，为每个商品集合 V_i 学习一个嵌入表示 v_i，包含所有商品的嵌入表示为 E_{item}。

第二步，按照一定比例 α 将用户集合 U 分为头部用户 U_{head} 和长尾用户 U_{tail} 两部分，一般 α 的取值范围为[0.1，0.3]。

第三步，头部用户的商品预测评分可表示为 $g(E_{\text{item}},E_{U_{\text{head}}})$，$g$ 为商品评分函数，可以采用常用的推荐模型替代 g，为不失一般性，可以选择用户和商品的嵌入表示内积作为评分函数 $g(E_{\text{item}},E_{U_{\text{head}}})=E_{\text{item}}^{\text{T}}E_{U_{\text{head}}}$，通过最小化 $g(E_{\text{item}},E_{U_{\text{head}}})$ 和 $\boldsymbol{R}_{\text{head}}$ 之间的均方误差可以得到头部用户的嵌入表示，记为 $E_{U_{\text{head}}}$。

第四步，为了将头部用户嵌入向长尾用户进行迁移，求得所有用户的隐表示为 E_{hidden}，每个用户 U_j 的隐表示通过公式 $\boldsymbol{h}_{U_j}=\dfrac{\sum_{i=1}^{|\boldsymbol{R}_{U_i}|} r_{ij}v_i}{\sum_{i=1}^{|\boldsymbol{R}_{U_i}|} r_{ij}}$ 计算，v_i 为 V_i 的嵌入表示，r_{ij} 为 U_j 与 V_i 之间的评分，该隐表示也是用户 U_j 的交互记录表征的偏好嵌入表示。

第五步，利用头部用户的嵌入对头部用户进行聚类，共有 c_k 个簇，得到每个簇的中心表示作为用户群组的原型用户表示 E_{c_i}，以及每个簇包含的头部用户集合 U_{c_i}，聚类方法可以采用 K- 平均聚类或者层次聚类。

第六步，利用前几步得到的 U_{c_i}，E_{c_i}，E_{hidden} 以及当前长尾用户 U_j，求得长尾用户 U_j 的嵌入表示 $u_j=\underset{E_{c_i}}{\operatorname{argmin}}\{d(U_{c_i},E_{\text{hidden}},U_j)\mid i=1,2,\cdots,c_k\}$，其中，$d$ 为长尾用户 U_j 偏好嵌入到每个簇对应头部用户集合 U_{c_i} 的偏好嵌入最小距离，选择 $d(U_{c_i},E_{\text{hidden}},U_j)$ 最小的簇对应的原型用户嵌入 E_{c_i} 作为长尾用户 U_j 的嵌入表示 u_j。

第七步，合并上述获得的头部用户嵌入 $E_{U_{\text{head}}}$ 以及长尾用户嵌入 $E_{U_{\text{tail}}}$，记为所有用户的嵌入 E_{user}。

第八步，预测评分矩阵可由公式计算得到，$\boldsymbol{R}_{\text{pred}}=g(E_{\text{item}},E_{\text{user}})$，采用和第三步同样的模型 g，如果模型 g 中带有参数，则这两步中的模型需要参数共享。

算法步骤如下。

输入：$U,V,\boldsymbol{R},G=\{\boldsymbol{h},r,t\}$。

输出：$\boldsymbol{R}_{\text{pred}}$。

步骤 1：$E_{\text{item}}=\{v_i\mid V_i\in V,i=1,2,\cdots,|V|\}=f(G)$。

步骤 2：$U_{\text{tail}}=\left\{U_j\,\middle|\,|\boldsymbol{R}_{U_j}|\leqslant\alpha\max(\{|\boldsymbol{R}_{U_j}|\,|U_j\in U,j=1,2,\cdots,|U|\})\right\}$，$U_{\text{head}}=\{U_j\mid U_j\in U,U_j\notin U_{\text{tail}},j=1,2,\cdots,|U|\}$。

步骤 3：$E_{U_{\text{head}}} = \underset{E_{U_{\text{head}}}}{\operatorname{argmin}}\ \text{MSE}(\boldsymbol{R}_{\text{head}}, g(E_{\text{item}}, E_{U_{\text{head}}}))$。

步骤 4：$E_{\text{hidden}} = \{h_{U_j} \mid U_j \in U, j = 1,2,\cdots,|U|\}, h_{U_j} = \dfrac{\sum_{i=1}^{|\boldsymbol{R}_{U_j}|} r_{ij} v_i}{\sum_{i=1}^{|\boldsymbol{R}_{U_j}|} r_{ij}}$。

步骤 5：$C_{\text{head}} = c(E_{U_{\text{head}}}) = \{(E_{c_i}, U_{c_i}) \mid i = 1,2,\cdots,c_k\}$。

步骤 6：$E_{U_{\text{tail}}} = \{u_j \mid U_j \in U_{\text{tail}}\}, u_j = \underset{E_{c_i}}{\operatorname{argmin}}\{d(U_{c_i}, E_{\text{hidden}}, U_j) \mid i = 1, 2,\cdots,c_k\}$。

步骤 7：$E_{\text{user}} = \{E_{U_{\text{tail}}}\} \cup \{E_{U_{\text{head}}}\}$。

步骤 8：$\boldsymbol{R}_{\text{pred}} = g(E_{\text{item}}, E_{\text{user}})$。

3.4 本章小结

本章详细介绍了低资源的概念、低资源条件下服务知识图谱构建及推理问题的定义以及问题定义下的一些相关工作，针对低资源条件下服务知识图谱构建，介绍了关系抽取和事件抽取两大任务。其中，关系抽取任务尝试利用知识图谱嵌入和图卷积网络对关系知识分别进行学习和利用，以实现知识迁移。事件抽取任务尝试利用基于动态记忆的原型网络为事件学习更好的原型，为事件描述文本生成更健壮的句子编码；并且尝试利用本体实现事件知识从高资源到低资源的传播。针对低资源条件下服务知识图谱推理，提出加权关系对抗网络，利用对抗过程从资源丰富的关系中学知识，以适应不同但相关的低资源关系进行知识图谱补全，并尝试引入原型学习解决商品知识图谱中的长尾推荐任务。

参考文献

[1] Triantafillou E, Zemel R, Urtasun R. Few-shot learning through an information retrieval lens[J]. Advances in Neural Information Processing Systems, 2017,7: 30-41.

[2] Bromley J, Guyon I, Le C Y, et al. Signature verification using a "siamese" time delay neural network[J]. Advances in Neural Information Processing Systems, 1993, 7(4): 737-744.

[3] Yan L, Zheng Y, Cao J. Few-shot learning for short text classification[J]. Multimedia Tools and Applications, 2018, 77(22): 29799-29810.

[4] Vinyals O, Blundell C, Lillicrap T, et al. Matching networks for one shot learning[J]. Advances in Neural Information Processing Systems, 2017,10: 29-36.

[5] Bertinetto L, Henriques J F, Valmadre J, et al. Learning feed-forward one-shot learners[J]. Advances in Neural Information Processing Systems, 2016,10: 523-531.

[6] Finn C, Abbeel P, Levine S. Model-agnostic meta-learning for fast adaptation of deep networks [C]//International Conference on Machine Learning. PMLR, 2017: 1126-1135.

[7] Ravi S, Larochelle H. Optimization as a model for few-shot learning[C]//ICLR, 2017.

[8] Han X, Yu P, Liu Z, et al. Hierarchical relation extraction with coarse-to-fine grained attention[C]//Proceedings of the 2018 Conference on Empirical Methods in Natural Language Processing, 2018: 2236-2245.

第4章　服务失配检测关键技术

4.1　概　述

4.1.1　服务失配的概念

由于单个Web服务所能提供的功能通常是小粒度且有限的，所以需要将多个Web服务组合成一个大粒度、多功能的服务或系统来满足更复杂、更高级的用户需求。随着面向服务的计算和架构技术的发展，Web服务的使用逐步从简单的功能封装向自适应调节服务调用对象和网络环境的智能化组合发展。由于各个Web服务内部集合着大量的基本服务单元，且它们所包含的业务逻辑和功能过程约束存在差异性，所以服务之间的交互作用十分复杂。在这种情况下，Web服务组合往往会出现服务失配，主要分为接口类型不一致、数据格式不一致、交互协议不一致等。如果要使各实体正确交互，则需要明确Web服务的失配情况，因为Web服务失配检测可以准确捕捉到服务的失配点，从而为实现服务的正确交互奠定基础。

4.1.2　服务失配检测的内容

服务失配检测的内容可以分为语法层次、语义层次和行为层次三个层次。语法层次的服务失配检测包含检测服务的接口名、参数名、参数类型、参数个数不一致导致的失配情况，检测服务开发语言和运行环境差异性导致的失配情况两个方面内容。语义层次的服务失配检测是指检测服务语义描述不一致或者服务功能与系统需求差异性导致的失配情况。行为层次的服务失配检测是指检测服务中接口调用顺序不一致或者传递消息规格不匹配导致的失配情况。

早期的服务失配检测方法主要侧重于语法层次和语义层次，缺少对服务交互行为失配问题的研究。本章主要介绍服务行为失配检测的相关研究方法。

4.1.3　服务失配检测的研究方法

Web 服务失配检测的研究方法主要集中在 Petri 网、自动机理论和进程代数上。本节将对这些具有代表性的研究成果进行介绍。

(1)Petri 网

Petri 网基本结构由三部分组成：表示位置的元素 P，表示迁移的元素 T 和表示 P 与 T 依赖关系的流 F。用 Petri 网描述 Web 服务时，P 表示服务的状态，T 表示 Web 服务的行为，F 表示消息的流动情况。

文献[1]采用工作流 Petri 网对 Web 服务流程进行建模，通过将 Web 服务组合转化成工作流网的组合来判定和验证服务组合中服务行为的兼容性问题。这种方法能够把问题转化成研究工作流 Petri 网的活性、有界性和死锁检验问题，并通过 Petri 网已有工具完成验证过程。

文献[2]采用 Petri 网描述 BPEL 规范，建模多个 Web 服务交互使用的组合网：C-net。将协议不匹配的问题转换成 C-net 的死锁问题，当出现不匹配情况时，利用基于 Petri 网的虹吸理论来解决。结果显示，该方法在解决协议级不匹配问题上具有更高效率。

文献[3]以 Web 服务描述语言 DAML-S 为基础，将 DAML-S 中的服务流程模型转变成 Petri 网来进行表示。除此之外，还提供了对 DAML-S 组合服务在不同限制条件下的任务复杂度分析。将 Web 服务的 DAML-S 作为输入自动生成 Petri 网并得到分析结果，这种转化工具能够自动定量分析、验证和仿真。

(2)自动机理论

文献[4]基于自动机理论研究讨论两个 Web 服务交互的中间件根据协议描述的不同方式对服务协议的兼容性、等效性和可替换性的影响。描述两个服务是否可以根据协议来定义交互以及两个服务之间可能产生的交互作用集合。

文献[5]基于自动机理论，提出了一套工具和技术来分析在 BPEL 规范中定义并通过异步 XML 消息进行通信的组合 Web 服务交互。通过 XPath 表达式来处理数据并验证检查消息内容的属性。BPEL 规范转换为中间表示，再转换成验证语言。Promela 作为目标验证语言，可以作为模型检验工具 SPIN 的输入来验证模型是否满足目标属性。

文献[6]基于接口自动机的扩展来显示服务的不匹配情况，集中在如何使用标记的接口自动机来说明服务匹配和服务应用之间的构建。

(3)进程代数

文献[7]基于进程代数模型，使用 π 演算进程表达式来表示参加交互 Web 服务行为，利用 π 演算的扩展规则对所有生成的演算进程表达式进行并发操作，对每个子进程进行判断。将服务间的交互行为转化成进程表达式之间的演化推理，在推演的过程中对服务行为失配进行自动检测。

文献[8]介绍了一种 Web 服务编排提议(WSCI)的形式化，展示了检查多个 Web 服务是否兼容的方法以及对于自动生成规范中间适配器的方法说明。

上述相关工作是服务失配检测技术研究方法的基础，而与之相比，本章介绍了两种新的服务失配检测技术：基于深度学习方法的应用程序编程接口(application programming interface, API)误用检测和基于 API 约束的 API 误用检测。它们的关注点都集中于 API 误用检测上，API 作为复用已有软件框架的应用程序编程接口，在服务交互上经常出现。由于 API 本身的复杂性和相关资料的部分缺失，误用 API 的情况屡屡发生，检测 API 的误用情况是服务失配检测研究的问题具体化和细致化。这两种新的服务失配检测技术的特色之处分别体现在充分利用了 API 的潜在语义信息，并尽可能保证每个 API 的独立完整性；直接针对 API 知识而不是使用模式来检测误用，根据 API 参考文档构建 API 约束知识图谱。

4.2 基于深度学习方法的 API 失配检测

4.2.1 基本概念

API 通过访问基础服务减少项目的开发工作，API 误用通常在项目中发生，包括使用冗余 API、使用错误 API、缺少关键 API 等。忽视对某些

API可能引发的异常处理操作,可能导致缺陷或产生更严重的安全问题。

API误用通常由以下几个原因引起。

①通常一个应用中涉及多个API,且有多样的交互行为。例如,Java Encache API的作用是在分布式节点之间创建缓存,并且分布式节点之间的交互需要Java RMI(远程调用)API的支持。

②API文档的质量不够好,底层文档是API学习和使用的主要问题。

③API需要不断地进行维护和升级,但是相应的API文档没有同步更新。

目前,解决API误用检测问题的主要方法有利用API的语义信息和利用代码的语法结构两种。这些方法存在一些问题和挑战,如在分析源代码结构时,往往倾向于挖掘API之间的连接关系,并通过模式匹配来检测代码结构误用,但常常忽略API的语义信息。

本节提出了一种新的API误用检测方法[9],如图4.1所示。

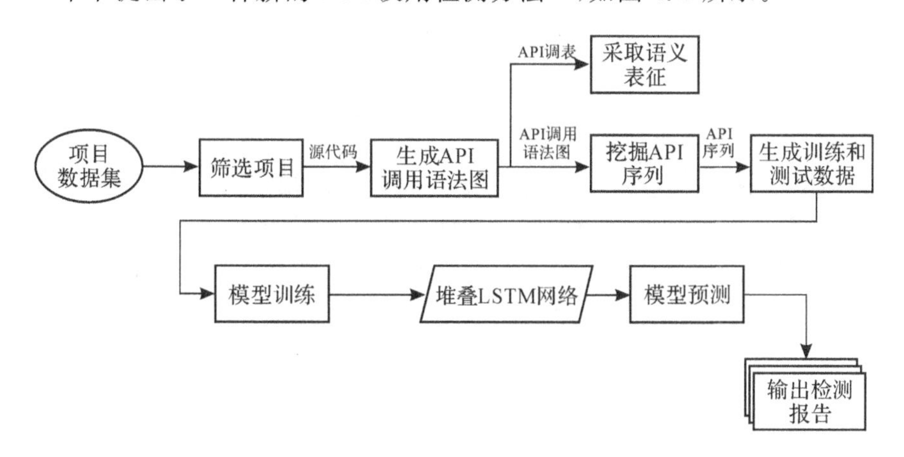

图4.1 服务形态的发展

4.2.2 API误用检测过程

4.2.2.1 基于API调用语法图的静态分析

抽象语法树(AST)是将Java代码映射到Tree数据结构的强大工具,可使用Javaparser解析源Java代码的结构。由于AUG(API使用图)包含太多有关API调用的详细信息,因此,我们简化了AUG并提出了API调用语法图(ACSG),以进行进一步的API序列挖掘。

API 调用语法图表示 API 使用情况，它可以捕获 API 调用和数据交互之间的顺序，从而将错误使用和正确使用区分开来，如图 4.2 所示。

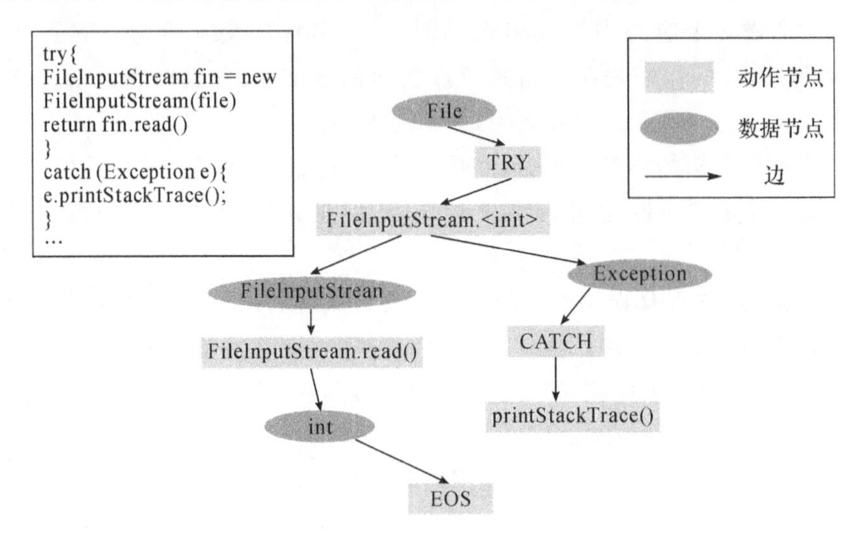

图 4.2　API 语法调用图的例子

ACSG 的构建结构包括节点、边和图。

①节点包括动作节点和数据节点。动作节点包含 API 调用，方法调用和控件状态；数据节点显示出现在源代码中的对象和值。入度为 0 的节点可以视为根节点，出度为 0 的节点可以视为叶子节点。

②边表示连接父节点和子节点的边。使用边来显示相邻节点之间的顺序关系。

③图表示 ACSG，可以由子图组成。图的根表示 ACSG 的开始部分，将一子图的叶子节点的边添加到另一子图的根节点，可以完成子图之间的合成。

4.2.2.2　基于 API 调用序列挖掘算法的数据生成

API 调用序列挖掘算法能够将所有 API 调用序列生成〈precious API sequence，next API〉的形式。通过学习 API 使用规范，我们将 Word2Vec 作为预训练模型来表示每个 API，从而利用 API 序列之间的 API 语义特征。

(1) API 序列挖掘和训练数据生成

在相关工作中，发现并引用一些 API 挖掘算法。首先，建立一个能存储所有API信息的词汇表,因为ACSG是图形式,所以设计了一种API序列挖掘算法以在ACSG中压缩API调用序列。这种挖掘算法的基本原理是利用API序列,API序列以0个节点的入度开始,以0个节点的出度结束。该算法遵循下列关键思想,API序列挖掘算法如下。

```
    def API_sequences_mine(acsg: ACSG)
    sequences =ø
    sequences = find_all_sequence(acsg)
    training_data = generate_training_data(sequences)
    return training_data

    def find_all_sequences(acsg: ACSG)
    sequences = ø
    Start = {nodes are with 0 in-degree in A}
    End = {nodes are with 0 out-degree in A}
    for sequence_in_acsg in all_sequences_in_acsg: // Exhaustion-
based sequences mining
        if sequence's start node in Start && sequence's end node
in End:
    sequences = sequences∪sequence_in_acsg
    return sequences

    def generate_training_data(sequences)
    training_data = ø
    for sequence in sequences:  //Generate training data recursively
        <sequence-> <previous API sequence, next API>
        training_data = training_data∪sequence
    return training_data
```

①基于穷举的挖掘。算法遵循API调用序列挖掘的穷举算法的一般思想。由于调用API的顺序是从上至下,因此API调用序列应该从初始节点之一开始。为了生成更多数据,算法以入度为0的节点开始和出度为0的节点结束来挖掘API调用序列,关键思想在于遍历所有可能满足上述条件的路径。

②递归生成数据。压缩 API 调用序列时，算法根据词汇表将 API 调用序列转换为 API 调用索引序列 s。随后，算法按顺序读取 API 调用索引序列 s。训练数据分为两部分：一个是先前的 API 调用序列，另一个是下一个 API 调用。该算法从第一个节点开始，通过读取索引 s 的 API 调用来确定下一个节点是否存在，它以＜API 调用索引序列 s_i，下一个 API 调用 c_i+1＞的形式生成训练数据，并把这些数据保存到本地训练数据文件中。例如，一个 API 序列为 $[API_1, API_2, API_3, API_4]$，最后生成的训练数据为 $[<[API_1], API_2>, <[API_1, API_2], API_3>, <[API_1, API_2, API_3], API_4>]$。在生成 API 调用序列并且计算生成 API 序列中，API 调用频率之后，建立与 API 调用相对应的 API 调用索引词汇表，并把它保留在本地词汇表文件中。

(2)API 嵌入

分布假说认为出现在相同上下文中的单词往往具有紧密的联系。Word2Vec 是一种单词嵌入算法，作为一种预训练模型，Word2Vec 可以将单词表示为 d 维向量，因此那些有密切关系的其他单词可以用相似的矢量表示。我们将生成的 API 调用序列视为文本中的句子，使得相邻 API 可以在语义上嵌入相似的向量。API 嵌入解决了数字表示 API 问题。

假设 $\varphi = \{\boldsymbol{a}_i : i = 1, 2, \cdots, V\}$ 是 API 的有序集合，其中，V 是 API 词汇表的大小，$\boldsymbol{a}_i$ 表示第 i 个 API。通常，API 序列中的 API 表示为独热向量：

$$\boldsymbol{\beta}_1 = (1, 0, \cdots, 0), \cdots, \boldsymbol{\beta}_V = (0, 0, \cdots, 1) \tag{4-1}$$

其中，$\boldsymbol{\beta}_i$ 是 API 中 $\boldsymbol{a}_i$ 的独热向量。在本书中，我们定义 $A(\boldsymbol{a}_i) \rightarrow \alpha_i$，$\alpha_i$ 是 API 中 $\boldsymbol{a}_i$ 的嵌入式 d 维表示。构造 API 的方法是使用跳字算法(Skip-Gram)模型，它可以在给定一组称为上下文单词的情况下预测目标单词。我们将上下文 API 定义为出现在目标 API 上下文中的 API：与 API 调用序列中每次出现的目标相比，API 的距离小于或等于 c 的一组 API，c 是由我们自己定义的常数。例如，如果要让神经网络显示目标 API $\boldsymbol{a}_t$ 的表示向量，则上下文 API 为 $\{\boldsymbol{a}_{t-c}, \boldsymbol{a}_{t-c+1}, \cdots, \boldsymbol{a}_{t+c-1}, \boldsymbol{a}_{t+c}\}$。Word2Vec 模型如图 4.3 所示，其中，输入层是 $\boldsymbol{a}_t$，映射层可以预测上下文 API，并最终以 $\boldsymbol{a}_t$ 的向量形式返回 Content(t)。

我们可以通过 Word2Vec 将所有 API 序列作为训练的输入，并通过分析上下文 API 的语义信息来获得 API 的语义表示模型。通过此模型，我们可以表示出现在词汇表文件中的每个 API 的表示形式。

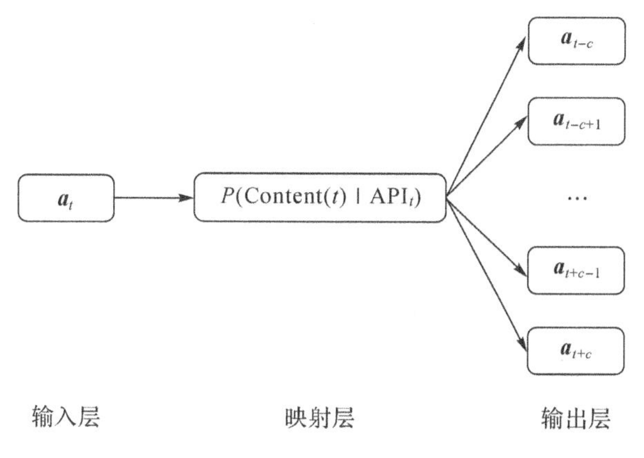

图 4.3　Word2Vec 模型

4.2.2.3　基于 TensorFlow 框架的模型训练和预测

基于 TensorFlow 框架，我们使用 Python 构建深度学习模型，旨在学习从原始代码片段获得的训练数据。在完成模型训练之后，我们使用模型预测在某个 API 调用序列后的下一个 API 调用。通过将预测的 API 调用与目标 API 调用进行比较，判断目标 API 调用是否合适，该阶段主要分为模型训练和模型预测两部分。

神经网络被视为人工智能领域的研究热点后，已经被用于回归和分类问题。由于递归神经网络(recurrent neural network, RNN)可以存储先前的信息并将其应用于当前输出的计算，因此 RNN 可以对顺序数据进行建模。作为 RNN 的改进算法之一，LSTM 旨在解决建模时序数据(如时间序列)的长期依赖性问题，在建模 API 调用预测方面非常有效。

(1)LSTM。除了输入层和输出层之外，标准的深 LSTM 模型还包括许多隐藏层(如 LSTM 层和完全连接层)。作为 LSTM 体系结构的基本层，LSTM 层具有一组 LSTM 单元，这些单元可以根据($x_1, x_2, \cdots, x_T$)表示的给定输入序列来映射输出序列。每个 LSTM 单元(见图 4.4)拥有独立的权重值和偏差值，类似于人工神经网络的神经节点。与其他结构不同，LSTM 单元结构可以通过门单元将信息删除或将信息添加到单元状态，每个 LSTM 单元的内部信息都称为单元状态。LSTM 单元中有遗忘门、输入门和输出门三个门。遗忘门表示在单元状态下需要丢弃哪些信息，输入门通过输入激活流程更新单元状态，输出门控制下一个 LSTM 单元的输出激活流。在 LSTM 网络层中，遗忘门表示为 f_t，输入门表示为 i_t，输出门表示为

o_t，单元状态表示为 $\boldsymbol{C}_t$，隐藏层输出表示为 h_t。在上一个时间步，我们将单元内存表示为 $\boldsymbol{C}_{t-1}$，将隐藏层的输出表示为 h_{t-1}。LSTM 单元中的具体操作描述如下。

$$f_t = \sigma(\boldsymbol{W}_f \cdot [h_{t-1}, x_t] + \boldsymbol{b}_f) \tag{4-2}$$

$$i_t = \sigma(\boldsymbol{W}_i \cdot [h_{t-1}, x_t] + \boldsymbol{b}_i) \tag{4-3}$$

$$o_t = \sigma(\boldsymbol{W}_o \cdot [h_{t-1}, x_t] + \boldsymbol{b}_o) \tag{4-4}$$

$$\widetilde{C}_t = \tanh(\boldsymbol{W}_C \cdot [h_{t-1}, x_t] + \boldsymbol{b}_C) \tag{4-5}$$

$$C_t = f_t \cdot C_{t-1} + i_t \cdot \widetilde{C}_t \tag{4-6}$$

$$h_t = o_t \cdot \tanh\ (C_t) \tag{4-7}$$

其中，$\boldsymbol{W}_\alpha$（$\alpha = \{f, i, o, C\}$）表示对应于不同门的权重矩阵，而 $\boldsymbol{b}_\alpha$ 表示相应的偏差向量。在图 4.4 中，$\widetilde{C}_t$ 表示由 tanh 激活层创建的单元状态的候选信息。

LSTM 单元的结构输入包含 C_{t-1}，h_{t-1}，x_t 三个部分；输出包含 C_t，h_t（y_t 等于 h_t）两个部分。x_t 等于最后一层的 y_t。LSTM 的反向传播用于在训练过程中更新权重。LSTM 的最后输出用于预测特定 API 调用和完全连接层。下一个 API 调用可以通过先前的 API 调用序列获得。

用于顺序数据建模的标准深度 LSTM 网络由足够多的 LSTM 层和完全连接层（密集层）组成。完全连接层连接 LSTM 层和输出层，并与上一层的激活节点完全连接。嵌入层也可以在这种结构中使用，它可以将稀疏矩阵转换为高维密集矩阵。另外，可以在每层之后添加 dropout 层来防止模型过拟合，减少中间特征的数量，从而减少冗余。

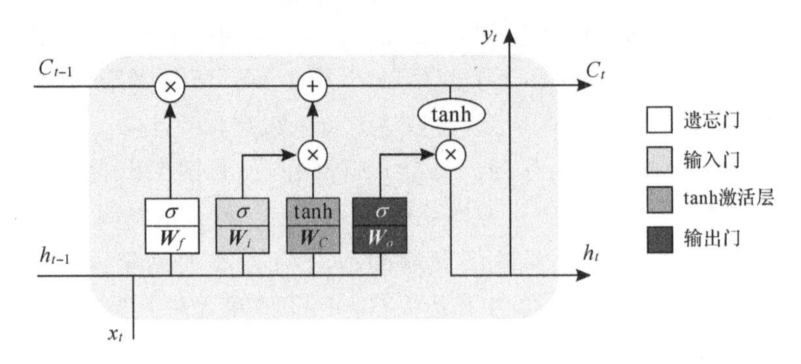

图 4.4 LSTM 单元

(2)完整深度 LSTM 网络(F-LSTM)。该模型的构建基于 TensorFlow 深度学习框架实现,主要计算如下。

①通过嵌入层,使用 Word2Vec 模型生成相应向量表示 API 的语义信息。

②嵌入层转换后的输入向量经过 dropout 层,通过该层丢失部分信息,其目的是提高模型的鲁棒性。

③将处理后的数据发送到 TensorFlow 提供的 LSTM 处理单元进行训练。

④模型的输出需要经过密集层,这可以将输出转换成所需的格式,我们将密集层的输出转化为 logit。

⑤对 logit 进行 softmax 函数处理和交叉熵计算,分别获得 API 调用的概率分布和损失值。此外,TensorFlow 将基于给定的优化函数来优化参数。

在 API 预测建模中,我们将输入的前端 API 序列表示为 $\boldsymbol{x}=\{x_1,x_2,\cdots,x_n\}^{\mathrm{T}}\in\mathbf{R}^{n\times p}$,将输出 API 表示 $\boldsymbol{y}$,其中,p 表示输入特征的数量,$\boldsymbol{y}$ 表示独热向量。$\boldsymbol{x}$ 是向量,向量矩阵的行表示时间步,向量矩阵的列表示 API 维数。完整的深度 LSTM 网络将目标 API 的先前 API 序列(x)作为输入,并将其映射到模型的输出,即目标预测 API(y),LSTM 层中的每个单元格与其相邻单元通过 $\{t-1,t,t+1\}$ 连接。在每个时间步长中,当前时间步长的所有输入要素被反馈至深度 LSTM 网络中。该过程不断通过整个时间空间中的重复 LSTM 单元将输入特征发送到网络,这可以构建类似链的结构来保持长短期时间依赖性。图 4.5 为 F-LSTM 的基本结构,该结构旨在根据给定的 API 序列(x)对目标 API(y)进行建模。

F-LSTM 网络沿着时间空间对相应的输入和输出关系进行建模。但 F-LSTM 的缺点是需要高强度的训练工作,尤其是对于需要大量计算内存的长 API 序列。为了解决这个问题,我们修改并提出了深度堆栈化 LSTM 网络。

(3)深度堆栈化 LSTM 网络 (S-LSTM)。该模型采用一定数量时间步长的堆叠输入 $\{X_1,X_2,\cdots,X_t\}^{\mathrm{T}}$ 来预测输出 $\boldsymbol{y}$。S-LSTM的结构如图 4.6所示,通过嵌入层,输入 X 的原始序列可分为多个堆栈,从而形成新的输入 $\widetilde{X}=\{\widetilde{X}_1,\widetilde{X}_2,\cdots,\widetilde{X}_s\}$,其中,$s$ 是堆栈数。因此,创建的每个堆栈都可以视为一个新的时间步长,并减少了模型时间和空间成本。如果 $sw<n$,则用零

填充层来满足视差。每个输入堆栈均包含固定长度的原始 API 序列，该序列被视为进入 LSTM 单元的新输入。

S-LSTM 不仅减少了时间维度，还能够代表先前 API 序列中每个 API 的语义。此外，S-LSTM 与 F-LSTM 和其他模型相比，具有更好的训练性能和预测性能。

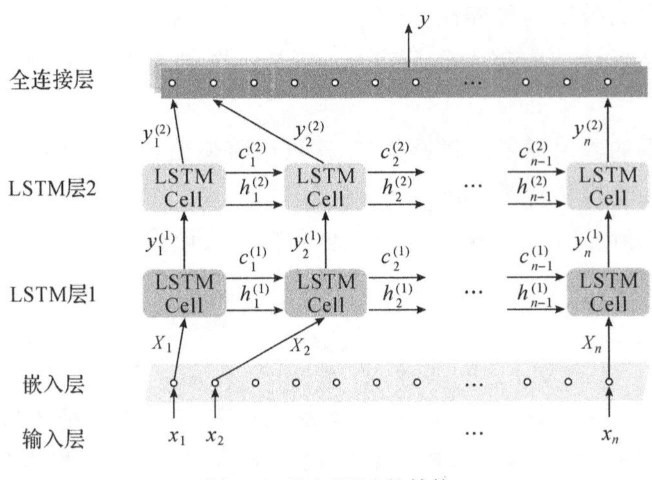

图 4.5 F-LSTM 的结构

4.2.3 实验结果与结论

本节介绍应用 LSTM 模型预测目标 API 的具体实现。工作中，实验评估分为模型训练实验和代码缺陷检测实验两部分。前者的主要目的是通过模型优化 API 调用序列预测的准确性和可靠性，后者的主要目的是检测模型的有效性和 API 误用缺陷检测的可用性。

(1)模型训练实验

数据集来自一个免费的开源分布式版本控制系统——Git，该系统可以管理任何类型的项目。为了进行对照实验，我们使用 Wang 的参数配置比较不同模型的训练效果，包括 Bugram，D-LSTM，F-LSTM 和 S-LSTM。

本书提出的模型和 D-LSTM 的区别在于是否使用 Word2Vec 填充层。

图 4.7 展示了三种不同模型的损失，横坐标表示的轮数，纵坐标表示损失值；图 4.8 展示了三种不同模型的准确率，横坐标表示轮数，纵坐标表示准确率。由图可知，F-LSTM 和S-LSTM在准确率和损失值上的表现都比较好。因此，可以直观地得到添加 Word2Vec 对模型的训练有好的影响这

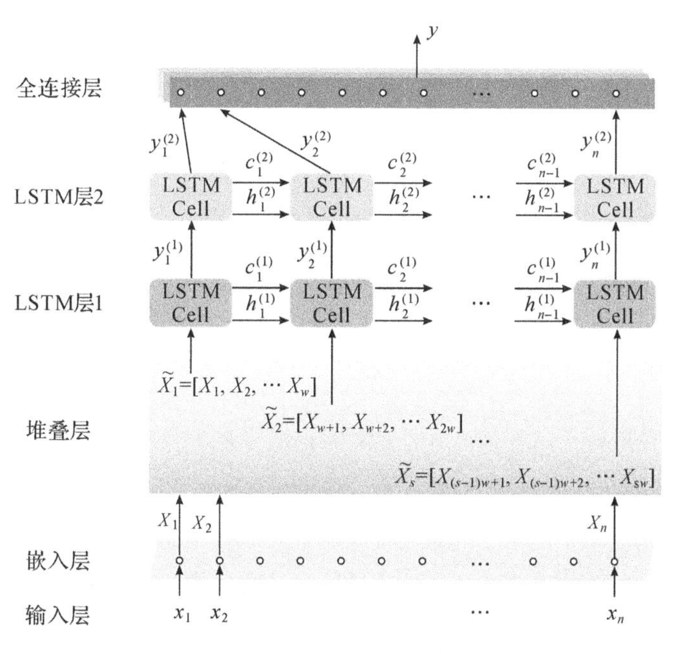

图 4.6　S-LSTM 的结构

一结论。尽管 F-LSTM 和 S-LSTM 模型所显示的训练能力十分相似，但 S-LSTM 的准确率比 F-LSTM 的要高 1%，损失值低 0.055。D-LSTM达到了 80.3%准确度和 0.772 损失值；F-LSTM 达到了 83.2%准确度和 0.622 损失值；S-LSTM 达到了 84.2%准确度和 0.567 损失值。

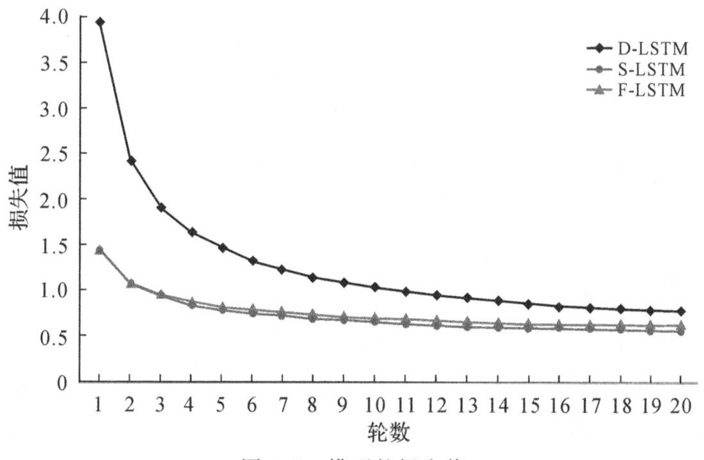

图 4.7　模型的损失值

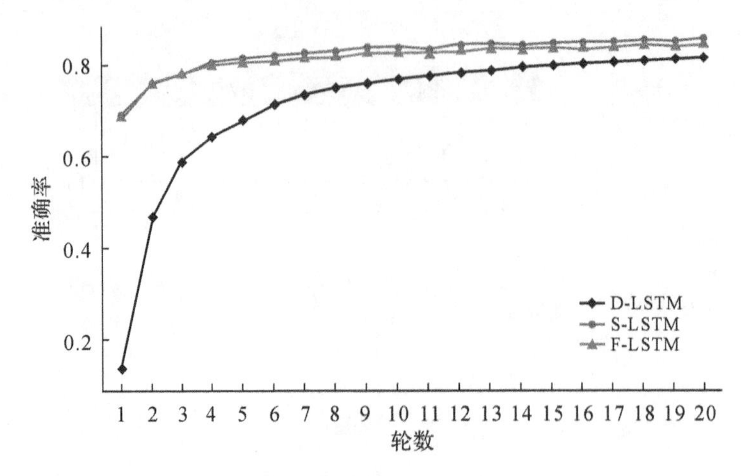

图 4.8 模型的准确率

(2)代码缺陷检测实验

基于提出的模型，代码缺陷检测实验旨在显示特定项目上的代码缺陷检测能力，首先定义该实验的评估标准。

定义精确值：

$$P = \frac{TP}{TP + FP}$$

定义召回值：

$$R = \frac{TP}{TP + FN}$$

定义 $F1$ 值：

$$F1 = \frac{2TP}{2TP + FP + FN}$$

其中，TP 为在目标 API 调用概率列表中被正确预测的不存在误用的目标 API 报告数量；FP 为目标 API 调用概率列表中被正确预测的存在误用的目标 API 报告数量；FN 为目标 API 调用概率列表中被错误预测的存在误用的目标 API 报告数量。

由于精确值和召回值得分无法反映实验的综合结果，我们决定使用 $F1$ 值（精确值和召回值的调和平均值）作为评估实验结果的最终标准。

在实验中，根据调查结果中 Java Cryptography API 的真实 API 误用情况，选择 8 个 API 误用代码。

将这些代码作为模型评估的测试集，代码缺陷检测实验结果如图 4.9、

图 4.10 和图 4.11 所示。三张图中的不同曲线分别表示不同的实验模型，X 轴表示可接受的阈值(top-k)。

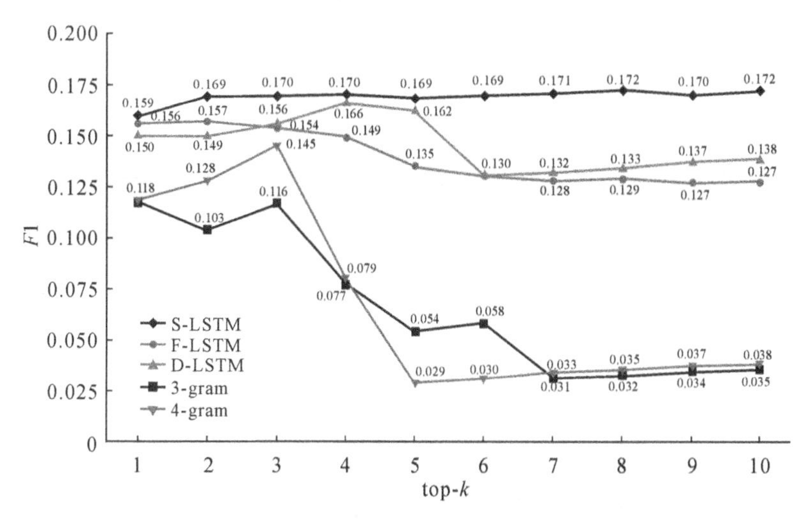

图 4.9　模型的 $F1$ 值表现

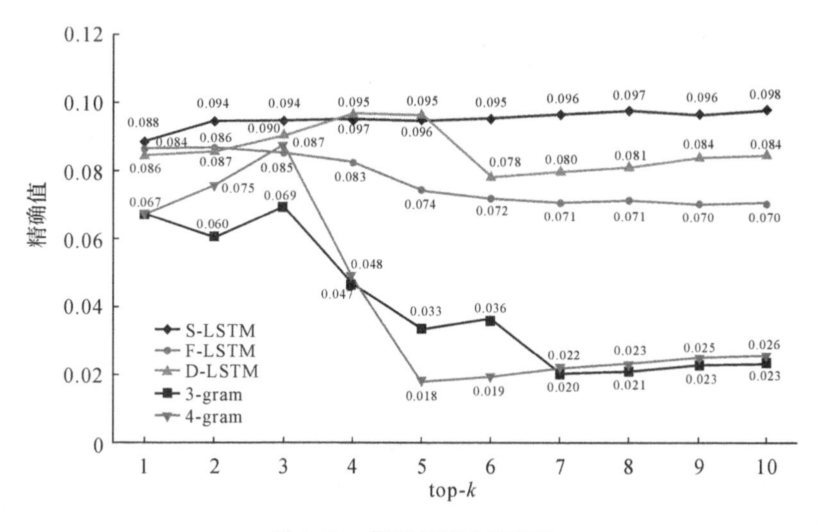

图 4.10　模型的精确值表现

结果显示，S-LSTM 模型的精确值始终高于 F-LSTM 模型的精确值。两种模型在 top-1 时的召回值都非常低，但是随着 top-k 值增加，召回值也增加，并且 S-LSTM 模型的总体精确值始终高于 F-LSTM 模型的总体精确值。由于模型的召回值大于 50%，因此可以说明该模型具有缺陷检测功

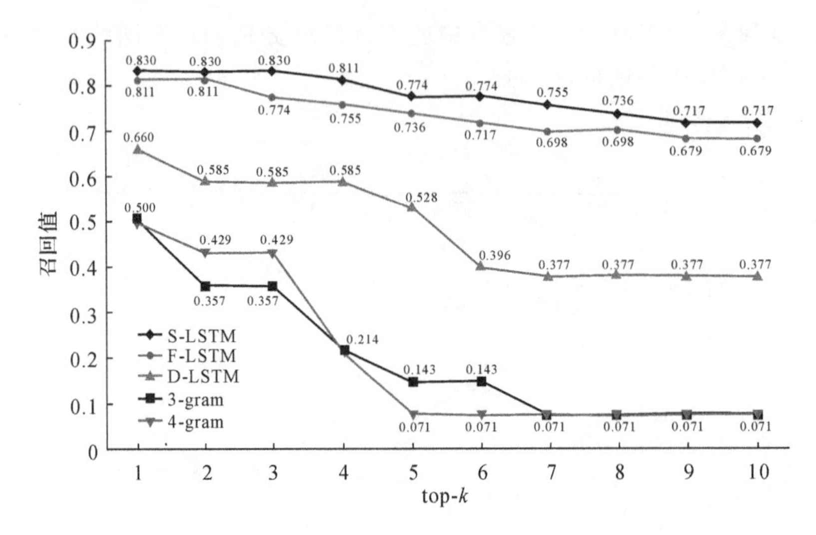

图 4.11 模型的召回值表现

能。当 top-k 在 top-10 之前时,S-LSTM 模型的缺陷检测效果最好。

本节提出一种基于 LSTM 的递归神经网络的深度学习方法,用于 API 使用规范学习和 API 误用缺陷检测。首先,设计一种静态分析方法 ACSG 来显示 API 使用情况。其次添加一个应用预训练模型 Word2Vec 的嵌入层来实现序列中每个 API 的语义表示。最后,开发具有不同输入格式的模型 F-LSTM 和 S-LSTM,并通过实验说明两个模型的性能。结果表明,S-LSTM具有更好的性能,$F1$ 值为 0.172。

4.3 基于 API 规约的 API 失配检测

代码规约(code contract)是一个源自面向对象原则的概念,它为不同的软件组件定义了前置条件、后置条件和不变量。规约式的代码使用提高了代码的正确性和健壮性,因为软件组件只能通过代码规约的义务进行交互。这个概念可以减少将 API 规约用到源代码产生的问题。我们将 API 规约用于编程或者开发,得到关于 API 约束的实时反馈。我们基于 Zhou 等人[10]对 Java 12 API 的几种约束类型进行了统计分析,提出一种解析技术,该技术可以从 API 异常语句中构造规约。这种技术在 Java 12 API 的 API 规约中占比很大,其主要聚焦于范围限制或非空约束,总共构建了

4694 份独特的代码规约。最后，我们基于 IDEA IntelliJ 开发了一个 API Misuse Checker，它能实时高亮这些违反 API 规约的情况。

4.3.1 API 使用规约的提取

生成 API 规约的第一步就是将其从 API 文档中提取出来。首先，我们要对 API 文档进行爬取，使用诸如 Beautiful Soup 之类的 Web 爬网工具对在线 API 文档进行爬网。每个爬网的网页都视为一个 API 文档。由于我们只对半结构化 API 声明和 API 文本描述感兴趣，因此可从爬网的网页中删除其他文档内容（如代码片段、程序执行输出、图像等）。官方 API 文档中包含此类文档内容的通常在 HTML 中有标记（如<code>，<image>和<script>），故可以轻松识别和删除它们。

其次，必须对 API 文本符号进行描述，以进一步地处理自然语言。API tokens 通常不属于自然语言词汇，且包含特殊字符（如“.”“()”“[]”“_”）。通用英语令牌生成器会将 API 令牌分解为多个令牌，这会破坏正常句子的完整性，并将对后续的 NLP 步骤产生负面影响。因此，我们使用了 Ye 等人[10]开发的专用 token 生成器，用于提取自然语言句子中的 API mention。软件将在文本令牌生成过程中保留 API 令牌的完整性。标记之后，使用 Stanford CoreNLP3 将文本拆分为句子。

使用规约语句的提取是基于 Li 等人[11]中确定的关键字和所创建的一组正则表达式来执行的。这些正则表达式使我们可以检查任意字符串是否包含一些预定义的模式，如表 4.1 所示。

表 4.1　API 警告类别和句法模式

类别	子类	句法模式
Explicit	Error/Exception	“insecure” “susceptible” “error” “null” “exception” “susceptible” “unavailable” “not thread safe” “illegal” “inappropriate”
	Recommendation	“deprecate” “better/best to” “recommended” “less desirable” “discourage”
	Alternative	“instead of”“rather than”“otherwise”
	Imperative	“do not”
	Note	“note that” “notably” “caution”

续表

类别	子类	句法模式
Restricted	Conditional	"under the condition" "whether..." "if ...." "when ..." "assume that ..."
	Temporal	"before" "after"
Generic	Affirmative	"must" "should" "have to" "need to"
	Negative	"do/be not ...." "never"
	Emphasis	"none" "only" "always"

最后，通过检查正则表达式之一是否在 API 的句子中找到匹配项来标识 API 使用规约语句。

4.3.2 API 使用规约的构造

现在将 API 使用规约转换成 API 规约契约。我们从 Java12 的文档中提取了 107601 条 API 使用规约，一大部分是异常语句以及参数语句，异常语句大概占其中的 30%，参数语句大概占 11%。因此，选择 API 使用规约非空约束和范围限制。选择这 2 个类别是因为它们的代码 API 文档中 API 约束语句占相当大的比例。解决方案基于 Zhou 等人[10]设计的 64 个启发式规则以及 29 个正则表达式；也可以通过英语句子的观察以及句子规范化技术来扩展方法，这就产生了一个更简单的方法提取约束，且不用人工进行分析和构造启发式规则。

我们设计了一个相对简单方法来将带有非空约束的 API 约束语句进行转换，观察到这些句子必须有"Null"这个词才能去表示 Null 值在代码中允不允许使用。此外，考虑到 Java 12 API 文档中有关参数语句和异常语句的结构信息，提取如语句主语之类的附加信息非常简单。尽管存在其他可能的排序方式，如日语或日语中使用的 subject-object-verb（谓-宾-主），但英语通常遵循 subject-verb-object（主-谓-宾）。

解析非空和范围限制 API 警告的另一种方法是利用 Zhou 等人[10]使用的句子规范化技术，他们还确定了几种正则表达式。依赖项解析之前在句子中执行替换。这些表达式用于检测各种情况，如变量、类和数学表达式的名称等，然后将它们替换为预定义的标记，以促进依赖项解析。此过程是句子规范化的一种形式。但除了使用依赖项解析之外，我们还可以简单地使用基于英语句子中 SVO 结构的启发式规则。使用表 4.2 中的正则表达式来提取其中的数学符号，使用表 4.3 中的正则表达式来进行句子替换和依赖项解析，使用 Python 3.6 及其标准库完成 Java 12 API 的规约契约构造。生成的 API 使用规约契约将作为 JSON 数组导出以在其他应用程序(即第三方插件)中使用。

表 4.2 用于规范化数学短语的正则表达式

<table>
<tr><th>正则表达式</th><th>标准化形式</th></tr>
<tr><td>(not? (less|shorter) than)|((greater|larger) than or equal to)</td><td>>=</td></tr>
<tr><td>(not? (greater|larger|longer) than)|((less|shorter) than or equal to)</td><td><=</td></tr>
<tr><td>(less|shorter) than</td><td><</td></tr>
<tr><td>(greater|larger|longer) than</td><td>></td></tr>
<tr><td>((is|are)? not negative)|((be)? non-negative)</td><td>>=0</td></tr>
<tr><td>((is|are)? not positive)|((be)? non-positive)</td><td><=0</td></tr>
<tr><td>(is|are)? negative</td><td><0</td></tr>
<tr><td>(is|are)? positive</td><td>>0</td></tr>
<tr><td>not equal(to)?</td><td>! =</td></tr>
<tr><td>equal to</td><td>==</td></tr>
</table>

表 4.3 用于句子替换和依赖项解析的正则表达式

<table>
<tr><th>类型</th><th>描述</th><th>正则表达式</th></tr>
<tr><td rowspan="2">Specific values</td><td>0.0,0.1f,etc</td><td>\W(—)? [0—9]+(,[0—9]+) * ((\.[0—9]+)? [a—z] *)\W</td></tr>
<tr><td>Member value of objects e.g. Location.x</td><td>\W(^(java\.|javax\.|org\.))?
([A—Za—z_]+\w+\.)+[a—z_]+[a—z0—9_] *
[^\.A—Za-z0—9_]</td></tr>
</table>

续表

<table>
<tr><th>类型</th><th>描述</th><th>正则表达式</th></tr>
<tr><td rowspan="4">Class methods and static members</td><td>Class methods, e.g., ClassA.func(Param1)</td><td>\W[A−Za−z_]+[A−Za−z_0−9]∗(\.[A−Za−z_]+[A−Za−z_0−9])∗(#[A−Za−z_]+[A−Za−z_0−9]∗)?([^()]∗)\W</td></tr>
<tr><td>Staticmember, e.g. Desktop.Action#OPEN</td><td>\W([A−Za−z_]+[A−Za−z_0−9]∗(\.[A−Za−z_]+[A−Za−z_0−9])∗)?(#[A−Za−z_]+[A−Za−z_0−9]∗)[^A−Za−z0−9_()]</td></tr>
<tr><td>All uppercase</td><td>\W(\w+\.)∗([A−Z]+_)∗[A−Z]+\W</td></tr>
<tr><td>Class name</td><td>\W([A−Za−z_]+\w+\.)∗[A−Za−z_]∗[A−Z]+\w+[^\.A−Za−z0−9_]</td></tr>
<tr><td rowspan="11">Expressions</td><td>A−B</td><td>\W\w+((\s+−)|(−\s+)|(\s+−\s+))\w+\W</td></tr>
<tr><td>A+B</td><td>\W\w+\s∗\+\s∗\w+\W</td></tr>
<tr><td>A∗B</td><td>\W\w+\s∗\∗\s∗\w+\W</td></tr>
<tr><td>A..B</td><td>\W(?\s∗\w+\s∗)?\s∗\.\s∗\.\s∗(?\s∗\w+\s∗)?\W</td></tr>
<tr><td>[A,B]</td><td>\W[\s∗\w+\s∗,\s∗\w+\s∗]\W</td></tr>
<tr><td>[A..B]</td><td>\W[\s∗\w+\s∗(\.\s∗\.\s∗)\s∗\w+\s∗]\W</td></tr>
<tr><td>A<\<=B<\<=C</td><td>\W\w+\s∗<=?\s∗\w+\s∗<=?\s∗\w+\W</td></tr>
<tr><td>A>\>=B>\>=C</td><td>\W\w+\s∗>=?\s∗\w+\s∗>=?\s∗\w+\W</td></tr>
<tr><td>From A to B</td><td>\W(from\s+)?\w+\s+to\s+\w+\W</td></tr>
<tr><td>A!=B</td><td>\W\w+\s∗!=\s∗\w+\W</td></tr>
<tr><td>Enumeration expression</td><td>\W(\s∗\w+\s∗)(,\s∗\w+\s∗)+,?\s∗or\s∗\w+\W</td></tr>
</table>

4.3.3 基于代码规约契约的 API 失配检测方法

上一节描述了规约契约构造的方法。我们隐晦地假定存在一些可以利用规约契约的程序分析工具，这样的工具确实存在并包含在计算机科学领域，即静态代码分析。静态代码分析使用的程序可以在不执行其他程序的情况下执行检查。这些工具使用的常见数据结构是抽象语法树，该模型将源代码的结构建模为树，并不显示代码的语法细节，这使对代码的分析变得重要和简单。

抽象语法树可以提取重要信息，如 API 方法调用，它们表现为一个控制结构以及将哪些参数传递给该方法。给定一个规约契约，我们便可以遍历程序的抽象语法树并标识与相关 API 元素相对应的任何代码表达式和语句。然后，检查是否满足规约契约中的一个或者多个要求，即观察周围的 API 调用，标识相关的表达式和语句，检查程序的各种控制流，评估表达式以及检查 API 调用参数。

选择 IntelliJ 平台是为了开发概念验证检查器，因为它是三种最受欢迎的 Java IDE 之一(继 NetBeans 和 Eclipse 之后)，并且提供了用于访问 Java 代码抽象语法树的简单接口。IntelliJ 提供了一个被称为程序结构接口(PSI)的接口，该接口允许开发人员与某些程序的抽象语法树进行交互，从而使插件的开发相对简单。

使用 Python 3.6 及其标准库完成 Java 12 API 规约契约的构造。生成的规约契约将作为 JSON 数组导出以在其他应用程序(即插件)中使用，并且可以在 IntelliJ 插件的项目存储库中找到。

IntelliJ 的 PSI 提供了 Abstract Base Java Local Inspection Tool 类，可以对该类进行扩展以创建涉及静态代码分析的插件，用于定义定期遍历程序抽象语法树的访问者。除此之外，还定义了几个类来表示 API 方法的概念、API 类、规约类，并存储所有规约契约的集合。Java 的 HashMap 用作存储警告合约的基础数据结构，其允许搜索的方法包含两个简单而有效的步骤：首先获取附加到某个类的方法(通过完整的类名作为哈希)，其次通过搜索相关的方法列表来查找正确的方法。注意，将来可以进行进一步优化以加快给定 API 方法的契约检索。这样的一个示例是使用方法签名的哈希直接映射到其规约契约。

代码分析过程涉及实现访客(visitor)的访问功能，以便识别并分析程序中的每个表达式调用。具体来说，首先要标识完整的类名称、方法名称和参数类型，并将其与该 API 元素关联的规约契约集进行比较；然后获取每个规约契约，并对照抽象语法树提供的值(如提供给 API 调用的参数值)进行检查。对于非空约束，此检查仅需将参数值与空值进行比较；对于范围限制约束，则要从规约契约中识别逻辑运算符，并将其映射到 Java 布尔表达式,其中包含契约指定的比较值。这意味着不需要 SMT 求解器,尽管可以注意到 SMT 求解器可用于更复杂的约束,但可以在 Java 代码中简单地应用范围约束。作为基线检查器程序,暂时只分析直接传递给 API 方法调用的参数值。IntelliJ 的 PSI 提供了高亮误用的功能,该问题将在 IDE 的代码编辑器中显示。每个被发现违反的规约契约都将导致关联的 API 误用的高亮。

4.3.4 实验结果和结论

我们已经描述了从 API 文档里约束语句,构造 API 规约契约的整个过程,并且将其应用于检查程序。为了展示 checker 插件及其功能,图 4.12 显示几个违反约束代码。

```
Public static void main (string [] args) {
    // Not null constraints violated
    SchemaFactory schemaFactory = SchemaFactory. newInstance(null);
    Font font = New Font (name: "TimesRoman", Font. RLAIN, size: 12);
    font = Font. getFont ( nm: null, font: null);
    System. load(Filename: null);
    //Range limitation constraints violated
    BasicStroke basicStroke = New BasicStroke ( width: - 1);
    Random r = New Random ();
    r. nextInt (bound; - 1);
    MessageInfo messageInfo1 = MessageInfo. createOutgoing
       (address: null, streamNumer; - 1);
    MessageInfo messageInfo2 = MessageInfo. createOutgoing
       (address: null, streamNumer; 65537);
}
```

图 4.12 IntelliJ 突出显示明显违反约束代码示例

使用这个插件后,在 IntelliJ 中用波浪线突出显示了每个违反约束的情况,如图 4.13 所示。将鼠标悬停在这些突出显示的问题上的任何一处都将弹出一个窗口,提供有关违约警告的更详细信息。图 4.14 为一个示例,可以防止开发人员违反 API 规约契约,并且可以高亮显示相关的 API 使用规约，指导大家正确使用 API。

```
Public static void main (string [] args) {
    // Not null constraints violated
    SchemaFactory schemaFactory = SchemaFactory. newInstance(null);
    Font font;
    font = Font. getFont ( nm: null, font: null);
    System. load(Filename: null);
    //Range limitation constraints violated
    BasicStroke basicStroke = New BasicStroke ( width: -1);
    Random r = New Random ();
    r. nextInt (bound; -1);
    MessageInfo messageInfo1 = MessageInfo. createOutgoing
      (address: null, streamNumer; -1);
    MessageInfo messageInfo2 = MessageInfo. createOutgoing
      (address: null, streamNumer; 65537);
}
```

图 4.13　开发的插件如何处理违反 API 警告合同的示例

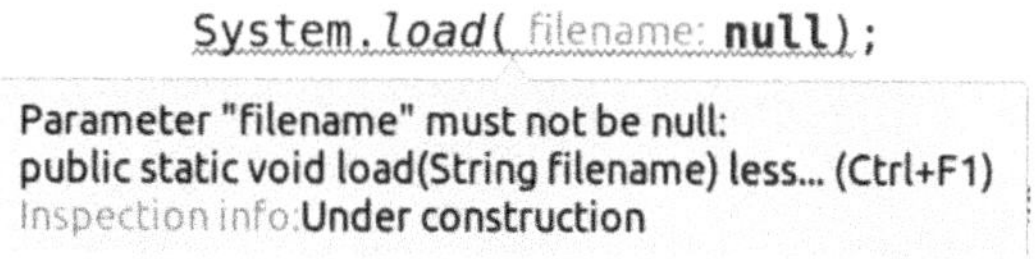

```
System.load( filename: null);
Parameter "filename" must not be null:
public static void load(String filename) less... (Ctrl+F1)
Inspection info:Under construction
```

图 4.14　显示的 API 警告合同违规问题消息示例

综上所述，该插件在其当前迭代中能够突出显示 Java 12 API 文档中与非空约束或范围限制约束有关的显式 API 使用规约违反行为。显然，添加其他类别的 API 使用规约可以向开发人员实时突出显示更复杂的错误和问题，从而最大限度减少 API 的误用并帮助开发人员了解 API 的正确用法。在构建 API 使用规约方面，进一步的研究可能会产生既提高精度又提高召回约束提取率的方法。需要注意的是，本章只分析了一个 API 文档，但是提出的方法适用于其他语言和 API 文档。该插件的一个缺点是只能在 API 被误用后才显示 API 使用规约，这意味着需要一种替代方法，其能够在误用发生之前就向用户介绍 API 警告。本章还说明了 API 规约契约在静态代码分析中的应用，将自然语言映射到源代码以实时检测API误用的想法是合理的，可以提高对API的理解，并有可能通过防止代码缺陷，提高开发效率。

4.4 本章小结

本章首先介绍了服务失配的基本概念、服务失配检测的内容和针对服务行为失配检测的研究方法。接着介绍了两种API误用检测方法，一种是基于深度学习方法的API误用检测，主要集中在对基本概念、API误用检测过程以及实验结果和结论介绍；另一种是基于API约束的API服务失配检测，通过对API使用规约的提取和分类以及API约束知识契约的构建得到基于契约的API失配检测方法。最后，根据实验结果和结论进行检测算法的效果说明。

参考文献

[1] Martens A. On compatibility of Web services[J]. Petri Net Newsletter, 2003,6(5):12-20.

[2] Xiong P C, Pu C, Zhou M. A petri net siphon based solution to protocol-level service composition mismatches[J]. International Journal of Web Services Research, 2010, 7(4):1-20.

[3] Narayanan S, Mcllraith S. Analysis and simulation of Web services[J]. Computer Networks, 2003, 42(5):675-693.

[4] Benatallah B, Casati F, Toumani F. Analysis and management of Web service protocols [C]// 23rd International Conference on Conceptual Madeling, Shanghai, China, 2004: 521-541.

[5] Fu X, Bultan T, Su J. Analysis of interacting BPEL Web services[C]//ACM International Conference on Software Engineering. IEEE, 2004: 621-630.

[6] Tao L, Zeng G. Adaptation of mismatching services based on labelled interface automata [C]//IEEE Computer Society, 2009: 326-329.

[7] 邓水光，李莹，吴健，等. Web服务行为兼容性的判定与计算[J]. 软件学报，2007(12): 3001-3014.

[8] Brogi A, Canal C, Pimentel E, et al. Formalizing Web service choreographies[J]. Electronic Notes in Theoretical Computer Science, 2004, 105(1):73-94.

[9] Ouyang S, Ge F, Kuang L, et al. API misuse detection based on stacked LSTM[C]// Intemational Confevence on Collaborative Computing: Netuovking, Applications and Worksharing, Springer, Cham, 2020:421-438.

[10] Zhou Y, Gu R, Chen T, et al. Analyzing APIs documentation and code to detect directive defects[C]//IEEE/ACM International Conference on Software Engineering. IEEE, 2017.

[11] Li H, Li S, Sun J, et al. Improving API caveats accessibility by mining API caveats knowledge graph[C]//2018 IEEE International Conference on Software Maintenance and Evolution (ICSME). IEEE, 2018: 183-193.

第5章　服务质量适配原理和算法

5.1　概述和原理

随着服务数量的不断增加和服务系统的不断发展，面向服务越来越多地被用于构建动态的、分布式的系统。面向服务的系统通过组合各个软件服务实现，同时面向服务的应用程序将越来越多地包含可通过 Internet 访问的第三方服务。因此，面向服务的系统的质量一方面依赖于第三方服务的质量[1]，另一方面依赖于服务之间的适配。所以说，提供具有自适应功能的面向服务的系统[2-3]，通过服务质量适配以及自适应功能使面向服务的系统能够适应需求是众多服务系统需要考虑的一个问题。

5.1.1　存在的问题

确保服务间的适用性是一项不可避免的任务，出于以下两个原因，最新的在线质量预测技术与未来面向服务的系统越来越相关。

(1)控制受限

由于使用了第三方服务，当服务发生更改(如与先前版本不兼容的服务新版本)、提供者停止提供服务或者服务质量(如性能、可用性和可靠性)发生波动时，服务集成商对于服务质量的控制十分有限[4-5]。在大多数情况下，这些变化和潜在故障无法通过现有的设计技术和方法预测。

(2)可视性受限

由于实现服务组合的软件和基础结构的很大一部分将由第三方拥有、托管和维护，因此服务集成商对这些组合的内部结构的了解将非常有限，在大多数情况下，只能通过服务提供商提供的“行为”界面来观察服务。服务集成商不会知道第三方服务的体系结构、控制流甚至代码，服务提供商大多不愿意共享此信息[4]，从而严重限制了现有的在线故障预测技术的适用性。

5.1.2 解决思路

在进行服务组合之前，一般会进行一些预处理，从而进行服务间的适配。下面介绍有关服务质量预测和服务推荐任务的内容，以下两个任务是进行服务质量适配的主要解决思路。

(1)服务质量预测

服务质量(QoS)的概念是在2003年提出的，从此QoS成为网络服务领域一个重要的非功能性指标[6]。QoS被定义为一系列非功能属性的集合，其他研究者也通过发现网络服务功能属性之外的属性来扩充QoS概念。对于网络服务而言，确定其服务质量十分有必要。但在现实情况中，QoS的特征是动态的，并且对于不同的用户有不同的表现。因此，研究者通过对QoS进行预测去捕获这种变化的特征，预测的方法可以大致分为基于记忆的方法和基于模型的方法两类[7]。

• 基于记忆的方法

最早进行的服务质量预测采用的是基于记忆的方法，这种方法简单、易懂、可解释性强，并且对于稠密的矩阵有很好的表现。然而对于数据稀疏性、冷启动以及可扩展的问题而言，基于记忆的方法并不能很好地解决。此外，这种方法没有考虑到用户或服务相关的文本信息，因此很难做到准确预测。但其中的邻居选择机制可以被用到预测算法中。

• 基于模型的方法

基于模型的方法可以通过用户行为或服务表现取得更好的预测效果，对于大量用户或者服务导致矩阵稀疏的情况，可降低稀疏数据、新用户或服务对预测结果的影响。此外，基于模型的方法可以在建模时加入语境信息，从而提升模型的灵活性和结果的准确性。

(2)服务推荐

随着服务计算和云计算应用数据的不断增长以及功能相似的服务数量的增加，大量的Wcb服务被部署在Internet上，由此引发了对Web服务推荐的研究，如何向用户推荐高质量的服务也变得越来越有挑战性[8]。同时，服务推荐已经成为服务计算领域的一个热门话题。服务推荐的策略可以分为以下几类。

- 基于 QoS 感知的推荐

大量的研究集中在基于 QoS 的 Web 服务推荐上，该推荐策略根据具有相似功能 Web 服务的 QoS 属性以及用户的偏好来优化 Web 服务选择。用户对服务的反馈可以反映用户的真实意见和偏好，随着社交网络的发展，获取用户反馈变得比以往更加容易。通常来讲，目前的推荐方法旨在预测 Web 服务的 QoS 属性值，并基于历史的信息来提取用户的兴趣或偏好，因此可信度是进行服务推荐时需要考虑的因素[9]。

- 基于句法和语义的推荐

最近的文献已经提出了一些基于句法和语义的 Web 服务搜索引擎，并且一些推荐技术已经被应用到 Web 服务发现任务中。用户可以根据输入的关键字，获得一组建议以及与查询有关的链接。其主要的研究工作集中在提供一种机制以形式化用户的偏好、资源和 Web 服务，并根据预定义的语义模型生成推荐结果[10]。

- 基于协同过滤方法的推荐

协同过滤是一个典型的推荐算法，一些工作也将协同过滤应用到 Web 服务推荐的任务中。目前的研究可以分成基于用户的协同过滤方法[11]、基于商品的协同过滤方法以及基于用户和商品的混合算法[12]。

- 基于自组织映射神经网络(self-organizing map, SOM)的方法

在一些基于 SOM 的方法可视化数据的结构中，U-Matrix [13]是最流行的一种，可用于显示输入向量的局部距离结构。U* -Matrix [14]是U-Matrix 的增强，它结合了密度和距离信息进行可视化。

5.1.3 技术方法

研究者从服务质量预测和服务推荐等方面提出了面向服务质量的适配技术，主要分为以下几种[15]。

- 运行时验证方法

运行时验证是指在系统运行时确定服务是否满足一些预定的属性，如研究者为了设计出自适应的系统，在系统运行时进行模型检查，自动检测模型变化并对变化作出反应的方法[16-17]。

- 在线测试方法

由于第三方服务可能不会按照设计时预期的方向改变或发展，因此研

究者会在正常使用的同时测试面向服务系统的服务，从而去收集更多的故障证据[18-20]。

• 静态分析方法

静态分析是指以服务组合结构作为基础，系统检查面向服务系统的模型来推断其执行的大概情况，通过将其映射到约束满足问题（constraint satisfaction problem，CSP）来预测 QoS 偏差的方法[21]。

• 基于仿真的方法

基于仿真的方法是通过执行面向服务的系统的动态模型来模拟其未来行为的[22-23]，这些方法大多采用离散事件模拟工具[24]。

• 基于深度学习的数据挖掘方法

最早的数据挖掘方法利用机器学习方法学习历史数据、训练预测模型[25-26]。随着表示学习和深度学习的普及和发展，多层人工神经网络[27]被用于定量地预测 QoS，异构信息网络（heterogeneous information networks，HIN）也被用在预测与推荐任务中[28-29]。

5.2 基于用户声誉及空间位置感知的混合协同过滤服务 QoS 预测方法研究

随着互联网的发展，服务的种类愈加繁多，数量也在不断增加。作为衡量服务的非功能属性的 QoS，其预测工作也面临着新的问题和挑战：①不能保证来自不可信用户 QoS 数据的可靠性；②服务及用户的位置信息（包括地理位置和网络位置）会影响预测的结果；③真实的 QoS 数据往往是稀疏的。因此如何很好地解决冷启动问题是一个有待研究的问题。

5.2.1 基于用户声誉感知的算法

目前大部分的方法都基于用户的反馈可靠数据进行 QoS 值的预测，但不可信用户的 QoS 数据的可靠性不能得到保证。虚假的用户反馈会影响模型对于服务质量的判断从而降低预测的精度，因此需要在调用服务前进行用户反馈可信度的评估，计算出用户的声誉情况，从而去识别和修正那些不可信的 QoS 数据。基于用户声誉感知的算法原理如图 5.1 所示。

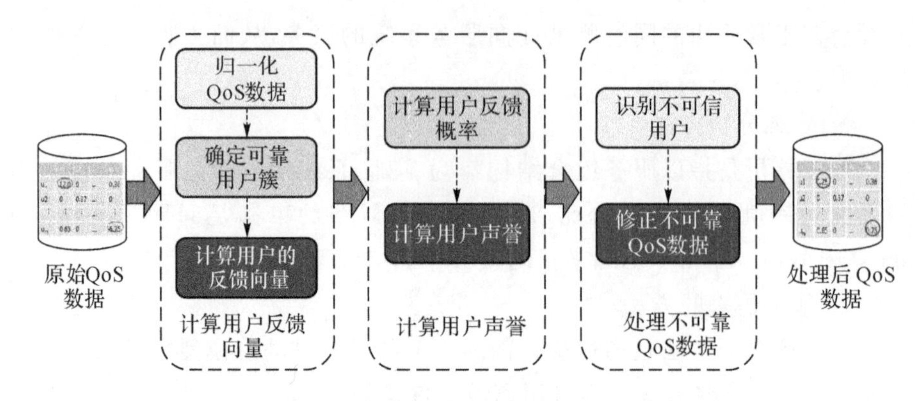

图 5.1　基于用户声誉感知的算法原理

(1)计算用户 QoS 反馈向量

首先,假设系统中有一组 m 个用户 $U=\{u_1,u_2,\cdots,u_m\}$,以及有一组 n 个服务 $S=\{s_1,s_2,\cdots,s_n\}$,用户服务矩阵是一个 $m\times n$ 矩阵 $\boldsymbol{R}$,矩阵中的条目为 $r_{i,j}$,$i\leqslant m$,$j\leqslant n$。该矩阵中的每个条目表示用户 u_i 观察到的服务 s_j 的某个用户侧 QoS 属性(如响应时间)的值。如果用户 u_i 以前没有调用服务 s_j,那么 $r_{i,j}=0$。

• 归一化 QoS 数据

对于某一个服务而言,所有用户调用服务时的 QoS 值的范围是不同的,因此需要对所有 QoS 值进行归一化,方便进行区间的划分与统计。这里采用线性函数归一化方法对 QoS 值进行归一化处理,具体计算如公式(5-1)所示:

$$mr_{i,j}=\frac{r_{i,j}-r_j^{\min}}{r_j^{\max}-r_j^{\min}} \tag{5-1}$$

其中,$mr_{i,j}$ 表示 $r_{i,j}$ 归一化值,$r_j^{\min}$ 表示服务 j 上最小的 QoS 值,$r_j^{\max}$ 表示服务 j 上最大的 QoS 值。当用户调用服务的 QoS 值为 0(缺失值)时,归一化后其值为 0。

• 确定可靠用户簇

在进行归一化的计算之后,将每一个服务根据不同的用户划分为 UK 个统计区间。如果在调用服务的用户中,诚信用户总是占全部用户的大多数,我们则认为包含最多用户的区间为可靠区间,因此对于服务 j,其可靠区间中的可靠用户簇可以表示为:

$$U_j^{\max}=\{u\mid u\in C_j^t,t=\operatorname{argmax}\left|C_j^k\right|,0\leqslant k\leqslant(UK-1)\} \tag{5-2}$$

其中，$U_j^{\max}$ 表示在服务 j 上可靠区间中的用户集，$|C_j^k|$ 表示第 k 个区间中的用户数量，t 表示用户数量最多的区间的索引。在确定可靠区间时，不统计 [0,0] 区间的用户数目。

• 计算用户的反馈向量

在计算反馈向量之前，需要对每个服务的可信区间进行计算。假设不同用户观察服务得到的 QoS 值遵循高斯分布 $N(\mu,\sigma^2)$，μ 和 σ 分别表示每一个服务的可靠用户集的平均值和标准偏差。根据高斯正态分布中的 3σ 规则，在 $[\mu-3\sigma,\mu+3\sigma]$ 内，用户有 99.73% 的概率观察到 QoS 值，因此可以将每一个服务的可信区间设置为此区间。则用户 i 调用其中一个服务 j 在可信区间可表示为：

$$nr_{i,j}=\{nr_{i,j}\mid \mu_j^t-3\sigma_j^t<nr_{i,j}\leqslant \mu_j^t+3\sigma_j^t,nr_{i,j}\neq 0\} \tag{5-3}$$

计算出每个服务的可信区间后，根据用户调用 CSP 服务的 QoS 值，将用户反馈信息分为可信反馈、不可信反馈和无反馈。最后统计出每个用户的反馈信息，并将用户的反馈信息表示为反馈向量，用户的反馈向量为：

$$\overrightarrow{Fb_i}=[po_i,no_i,ne_i] \tag{5-4}$$

其中，$\overrightarrow{Fb_i}$ 表示用户 i 的反馈向量，po_i 表示用户 i 的可信反馈的次数，no_i 表示无反馈的次数，ne_i 表示不可信反馈的次数。

(2)计算用户声誉值

根据用户调用服务的反馈情况，利用狄利克雷概率分布性质表示用户未来的反馈情况，$P_{i,1}$、$P_{i,2}$、$P_{i,3}$ 分别表示用户 i 未来调用服务的反馈为可信反馈、无反馈和不可信反馈的概率。因此对于有反馈用户的声誉 Re_i 表示为：

$$Re_i=\frac{P_{i,1}}{P_{i,1}+P_{i,3}},(P_{i,1}+P_{i,3})\neq 0 \tag{5-5}$$

(3)识别不可信用户以及修正不可靠 QoS 值

根据用户反馈得到的 QoS 值以及狄利克雷概率分布得到的用户声誉值。首先设置阈值 δ，用户信誉值低于阈值 δ 表示用户是不可信的。得到不可信用户后，再对不可信用户提供的不可靠数据进行修正。如果直接删除不可信用户的 QoS 值，则原本稀疏的 QoS 矩阵会更加稀疏。修正后的公式如公式为：

$$r'_{u,j}=\begin{cases}Ru_j^{\max},r_{u,j}>0\\0,r_{u,j}=0\end{cases},且\ u\in\bar{U} \tag{5-6}$$

$r'_{u,j}$ 表示不可信用户 u 在服务 j 上被修改的 QoS 值，$r_{u,j}$ 表示不可信用户 u 在服务 j 的原始 QoS 值。$Ru_j^{\max}$ 表示在 j 服务中的可靠区间用户集$u_j^{\max}$ 的 QoS 值（这不是矩阵 $\boldsymbol{R}$ 归一化后的 QoS 值）的平均值。修改了不可信用户贡献的不可靠 QoS 数据，得到一个新的 $m \times n$ 的 QoS 矩阵 $\boldsymbol{R}'$，其中，$r'_{I,j}$ 是用户 i 调用服务 j 的 QoS 值。

5.2.2 基于空间位置感知的相似近邻识别算法

最近的一些研究将服务的 QoS 值作为衡量服务质量的非功能性属性，用户与服务之间的地理位置会影响该值的预测结果。因为用户与服务在不同的位置会导致用户与服务周围的物理环境（包括其网络带宽、网络距离以及网络延迟）不同。因此，通过挖掘用户和服务的空间信息，优化相似度公式，可以提升 QoS 值预测的精度。稀疏的数据矩阵可以通过与邻近位置的相似性来缓解稀疏的 QoS 值对于预测结果的影响。基于空间位置感知的相似近邻识别算法原理如图 5.2 所示。

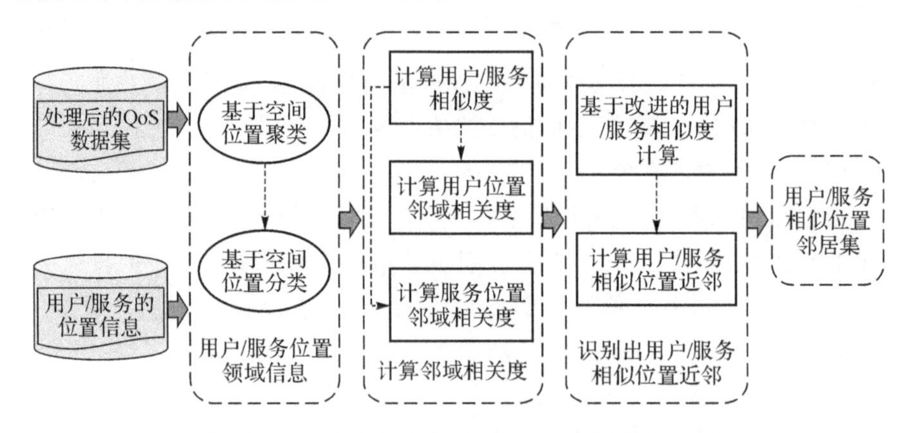

图 5.2 基于空间位置感知的相似近邻识别算法原理

(1)用户/服务位置邻域分层

对于收集到的用户与服务之间的空间区域信息（包括经纬度、国家、自治系统以及互联网协议地址），基于空间区域聚类或者基于空间区域分类，将每个用户簇中的用户划分为三层空间区域。

- 基于空间区域聚类

为了从地理位置上为用户与服务划分相近的邻居，首先根据用户或服务的经纬度属性使用二分 K-Means 聚类方法进行聚类以获得用户的用户簇或服务的服务簇。对于用户 a 与服务 t，可以通过最小化公式(5-7)和公式(5-8)分别将用户分成 K_u 个用户簇，将服务分成 K_s 个服务簇：

$$J_u = \sum_{k=1}^{K} \sum_{L_u \in C_k} \| \boldsymbol{L}_u - \boldsymbol{\mu}_k \|^2, \text{且 } 1 \leqslant K \leqslant K_u \tag{5-7}$$

$$J_s = \sum_{k=1}^{K} \sum_{L_s \in C_k} \| \boldsymbol{L}_s - \boldsymbol{\mu}_k \|^2, \text{且 } 1 \leqslant K \leqslant K_s \tag{5-8}$$

其中，C_k 表示在用户或服务中第 k 个服务簇，$\boldsymbol{L}_u$ 表示用户服务 a 的经纬度向量，$\boldsymbol{L}_u = (Lo_u, La_u)$，$\boldsymbol{L}_s$ 表示服务 t 的经纬度向量，$\boldsymbol{\mu}_k$ 表示第 k 个用户或服务簇的中心点，J_u 表示对用户使用二分 K-Means 算法的第 k 次迭代的误差平方和，J_s 表示对服务使用二分 K-Means 算法的第 k 次迭代的误差平方和。

• 基于空间区域分类

采用二分 K-Means 聚类后所形成的 K_u 个用户簇、国家属性、自治系统(automous system，AS)作为分类的属性，通过用户调用服务时 QoS 值的相似性，将三层空间区域划分为 Provider-Level、SAS-Level、SCluster-Level，其相关关系如图 5.3所示。

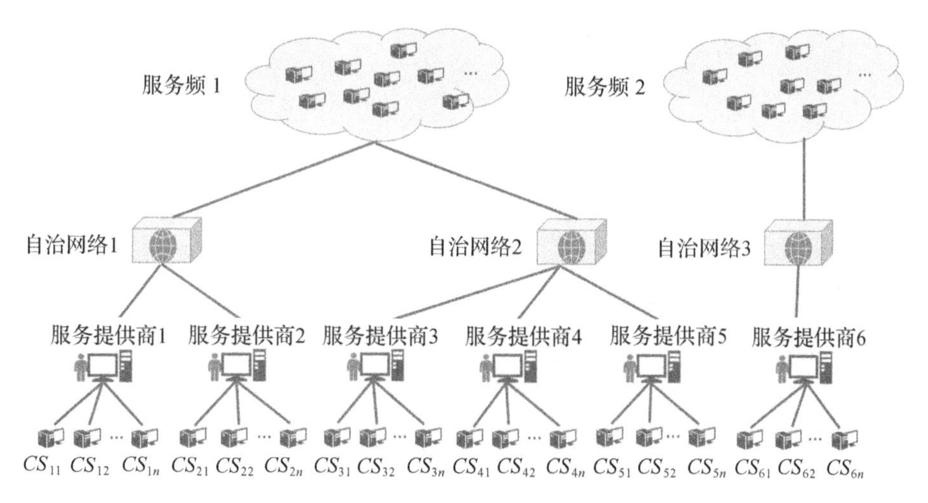

图 5.3 服务三层空间区域邻域关系

(2)计算用户/服务空间位置邻域相关度

• 用户与用户簇之间的相似度

通过计算三层空间区域之间的位置邻域相关度、用户簇和服务簇之间的相似度，可以得到在三层空间区域邻域位置用户服务之间的相关性。

• 用户位置邻域相关度

在得到用户簇之间的用户相似度后，可以计算每一层空间区域用户之间的平均相似度，用于评估用户三层空间区域之间的相关性。

• 服务位置邻域相关度

与用户三层空间区域之间的相关性类似，可通过计算每一层空间区域服务之间的平均相似度去评估服务三层空间区域之间的相关性。

(3)识别用户/服务的相似位置近邻

对于用户以及服务的空间位置影响 QoS 值的问题，首先应对相似度公式进行改进，再基于前两小节计算得到的用户或服务的空间位置信息得到空间区域位置邻域关系，以及三层空间区域邻域之间的相关度进行相似位置近邻识别。

• 基于改进的用户/服务相似度计算

对于现实情况而言，QoS 矩阵是稀疏的，以至于 UserSet-Level 的用户不存在或只有少量的临近相似用户，因此会影响到 QoS 值预测的精度。本书采用用户三层空间区域邻域中的用户平均相似度来替换与目标用户没有共同调用服务的用户相似度，服务间的相似度与用户相同，修改后的相似度如公式(5-9)和公式(5-10)所示：

$$\mathrm{sim}_a(a,u)=\begin{cases}\overline{AU_a}, u \in A\,N_u^a \wedge \mathrm{sim}(a,u)=0 \\ \overline{CoU_a}, u \in Co\,N_u^a \wedge \mathrm{sim}(a,u)=0 \\ \overline{ClU_a}, u \in Cl\,N_u^a \wedge \mathrm{sim}(a,u)=0 \\ \mathrm{sim}(a,u), u \in US\,N_u^a \wedge \mathrm{sim}(a,u)\neq 0\end{cases} \tag{5-9}$$

$$\mathrm{sim}_t(t,s)=\begin{cases}\overline{P\,S_t}, s \in P\,N_s^t \wedge \mathrm{sim}(t,s)=0 \\ \overline{A\,S_t}, s \in A\,N_s^t \wedge \mathrm{sim}(t,s)=0 \\ \overline{PC}, s \in C\,N_s^t \wedge \mathrm{sim}(t,s)=0 \\ \mathrm{sim}(t,s), s \in SC\,N_s^t \wedge \mathrm{sim}(t,s)\neq 0\end{cases} \tag{5-10}$$

其中，$\mathrm{sim}_a(a,u)$表示目标用户 a 与用户 u 之间修改后的相似度，$\mathrm{sim}_t(t,s)$表示目标服务 t 与服务 s 修改后的相似度，$US\,N_u^a$ 表示用户 a 所在的 UserSet-Level 区域的邻居的用户集合，$SC\,N_s^t$ 则表示服务 t 所在的 SCluster-Level 区域的邻居的服务集合。

• 计算用户/服务相似位置近邻

得到用户间相似度和服务间相似度后，一般采用 top-k 算法来计算用户或服务的相似位置近邻，用户 a 和服务 t 的最近邻位置$N_a(u')$ 与$N_t(s')$如公式(5-11)和公式(5-12)所示：

$$N_a(u') = \{u' \mid \mathrm{sim}(a,u) > \omega_u, u \in U^{K_{NU}}\} \tag{5-11}$$

$$N_t(s') = \{s' \mid \mathrm{sim}(t,s) > \omega_s, u \in S^{K_{Ns}}\} \tag{5-12}$$

其中，ω_u 与ω_s 分别表示用户与服务的相似度阈值，通过相似度阈值就可以识别出用户 a 与服务 t 的相似区域近邻集合。最后通过计算识别出所有用户的相似区域近邻和所有服务的相似区域近邻。

5.2.3　基于改进的混合协同过滤 QoS 预测方法

基于邻域改进的协同过滤 QoS 预测方法分为基于用户邻域改进的、基于服务邻域改进的和融合用户与服务邻域改进的协同过滤 QoS 预测方法。为了既缓解矩阵稀疏及冷启动对 QoS 预测的影响，又考虑用户之间的关系与服务之间的关系对 QoS 值的影响，本章使用基于邻域改进的协同过滤 QoS 预测方法来预测未知 QoS 值。下面将详细介绍基于邻域的协同过滤 QoS 预测方法的具体步骤，方法原理如图 5.4 所示。

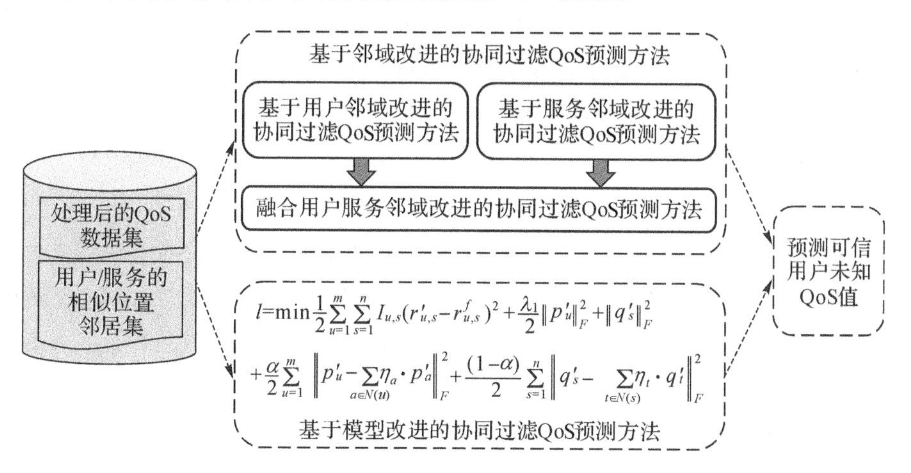

图 5.4　基于改进的混合协同过滤 QoS 预测方法原理

(1)基于邻域改进的协同过滤 QoS 预测方法

• 基于用户邻域改进的协同过滤

一般基于用户邻域的协同过滤 QoS 预测方法需要先计算出用户之间

的相似度，然后求出用户的相似近邻，最后通过用户的相似近邻的历史 QoS 数据进行预测未知 QoS 值。由于识别出不可信用户并处理了不可靠 QoS 数据后已经形成了可靠 QoS 数据集 R'（在第 4 章中识别出了用户的相似空间位置近邻），因此为了缓解 QoS 矩阵稀疏及冷启动的影响，可以使用可信用户的相似位置近邻和可靠数据集来计算可信用户缺失的 QoS 值，以改进基于用户邻域的协同过滤 QoS 预测方法。

- 基于服务邻域改进的协同过滤

基于服务邻域改进的协同过滤 QoS 预测方法先要计算出服务之间的相似度，然后求出服务的相似近邻，最后通过服务的相似近邻的历史 QoS 数据进行预测未知 QoS 值。本章基于服务邻域改进的协同过滤 QoS 预测方法，使用服务的相似位置近邻和可靠数据集来计算可信用户的缺失的 QoS 值。

- 融合用户与服务邻域改进的协同过滤

融合用户与服务邻域改进的协同过滤 QoS 预测方法融合基于用户邻域改进和基于服务邻域改进的协同过滤 QoS 预测方法来预测未知 QoS 值。由于只使用用户或服务最近邻的历史 QoS 数据会使用户之间相似性或服务之间相似性无法提到挖掘，导致 QoS 预测精度降低。因此，为了充分挖掘出用户之间和服务之间的关系，从而更准确预测未知 QoS 值，本章基于邻域改进的协同过滤 QoS 预测方法通过使用用户位置最近邻和服务位置最近邻来改进基于邻域的协同过滤 QoS 预测算法，预测未知 QoS 值。

(2)基于模型改进的协同过滤 QoS 预测方法

基于矩阵分解模型是典型的基于模型改进的协同过滤方法。在 QoS 预测推荐中，最常见的矩阵分解算法是将用户服务二元 QoS 矩阵分解成用户特征矩阵和服务特征矩阵，然后通过构建两个特征矩阵内积与 QoS 调用记录的损失函数对特征矩阵进行训练。本章算法基于前两章得到的结果来预测未知 QoS 值，使用的 QoS 数据矩阵是经过 CURA 算法处理后得到的新的 QoS 矩阵 $\boldsymbol{R}'$。而且为了更准确挖掘出用户和服务的潜在因素以提高 QoS 预测精度，本书将使用 LSNA 算法识别出的用户和服务最近邻整合到矩阵分解模型中。

(3)预测可信用户未知 QoS 值

前面分别介绍了基于邻域改进的协同过滤 QoS 预测方法和基于模型改进的协同过滤 QoS 预测方法，虽然这两种不同的改进协同过滤技术都能预测出缺失值，但在某些方面总存在着不足。例如，基于邻域改进的协同过滤方法只关注用户之间的关系或服务之间的关系，而基于模型改进的协同过滤方法则通过分解矩阵后不断最小化目标函数来挖掘潜在因素。因此，需要将前面所预测出的未知 QoS 值以特定的参数结合起来从而得到最终的预测结果，这样既能缓解矩阵稀疏及冷启动的影响，还能在任何时候都能准确预测 QoS 值，甚至能进一步提高 QoS 预测精度。

融合基于邻域改进与模型改进的协同过滤 QoS 预测算法，其实就是通过参数 λ_r 来融合基于邻域改进的协同过滤 QoS 预测方法预测的未知 QoS 值和基于模型改进的协同过滤 QoS 预测方法预测的未知 QoS 值。预测可信用户的未知 QoS 值如公式(5-13)所示：

$$\widehat{r_{u,s}} = \lambda_r \times \widehat{r_{u,s}^n} + (1-\lambda_r) \times \widehat{r_{u,s}^f} \tag{5-13}$$

其中，$\widehat{r_{u,s}}$ 是可信用户 u 调用服务 s 的预测值，参数$\lambda_r=1$ 表示只使用基于邻域改进的协同过滤 QoS 预测方法预测的未知 QoS 值作为最终的预测值，反之，就是使用基于模型改进的协同过滤 QoS 预测方法预测的未知 QoS 值作为最终的预测值。

5.2.4　实验结果与结论

(1)不可信用户百分比影响实验

为了验证不可信用户的比重对最终预测结果精度的影响，设置不可信用户数为 5、10、15、20、50，不可信用户的占比为 1.47%、2.95%、4.42%、5.90%、14.75%，矩阵密度设为 0.05～0.3。

之所以将 UK 设置为 15 个，是因为本书所提出的 CURA 算法中设置的统计区间数为 15 个。将 δ 设置为 0.10，表示识别不可信用户的阈值为 0.10。将 K_u 和 K_s 分别设置成 4 个和 9 个，表示用户和服务通过对经纬度聚类分别聚类成 4 个用户簇和 9 个服务簇。将 K_{NU} 和 K_{NS} 分别设置为 12 和 35，表示使用 top-k 算法选择 12 个用户位置最近邻和 35 个服务位置最近邻。将 ω_u 和 ω_s 分别设置为 0.20 和 0.30，表示用户和服务的相似度阈值分别为 0.20 和 0.25。将正则化参数 λ_1、λ_2 和 α 分别设置为 0.45、0.55 和 0.40，正则化参数是基于模型的协同过滤 QoS 预测方法中损失函数的正则化参数。将 λ_n 和 λ_r 分别设置为 0.50 和 0.40，表示本章预测算法中融合了预测 QoS 值的参数。实验结果如图 5.5 和图 5.6 所示。

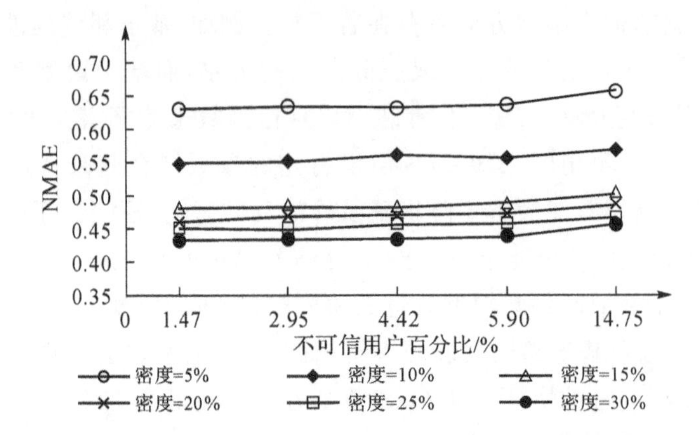

图 5.5　不可信用户百分比对 RLA-HCF 算法 NMAE 指标的影响

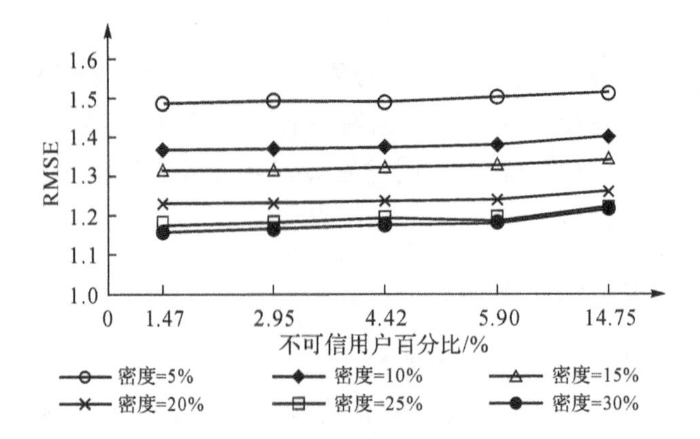

图 5.6　不可信用户百分比对 RLA-HCF 算法 RMSE 指标的影响

分析图 5.5 和图 5.6 可知，当不可信用户的百分比为 1.47％时，QoS 预测评估指标标准平均绝对误差(NMAE)和均方根误差(RMSE)普遍最小；而随着不可信用户的百分比不断增大，评估指标的值也在缓慢增长，但增长的幅度很小；当不可信用户百分比增大到 14.75％时，NMAE 和 RMSE 值陡增。这是因为本书 CURA 算法用以处理不可靠数据的 QoS 值只是接近真实值，并不是真实值，因此当不可信用户百分比增大时，不可靠数据的增加会影响 QoS 的预测精度，但是通过 CURA 算法的处理，不可信用户对 QoS 预测影响降到很低。表明该方法还是能很好识别出不可信用户且能处理不可靠 QoS 数据。当矩阵密度不断增大时，其 NMAE 和 RMSE 值也不断降低，但在不同的不可信用户百分比情况下，其评估值基本上接近。表明矩阵稀疏还是对 QoS 预测产生影响。

(2)矩阵密度的影响实验

矩阵密度是指用户服务 QoS 矩阵中值不为 0 的条目占全部条目的百分比,可表明 QoS 数据中有多少历史记录可以被用来预测缺失的条目。为了研究矩阵密度对本书方法的影响,我们将矩阵密度从 5%变化为 30%,步长值为 5%。选择不可信用户百分比分别为 1.47%和 5.90%,其他参数的设置与上一节相同。实验结果如图 5.7 和图 5.8 所示。

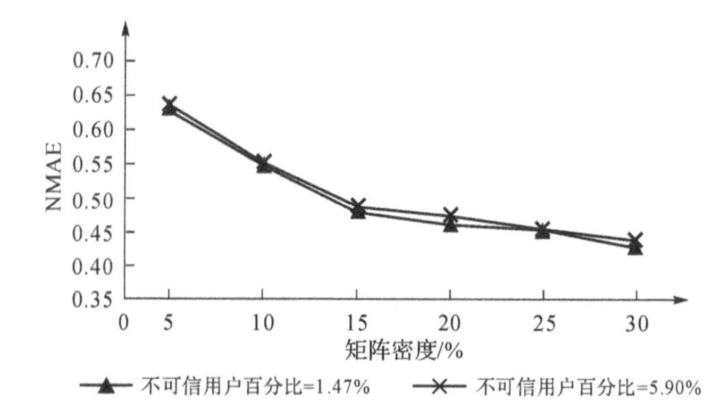

图 5.7　不同矩阵密度对 RLA-HCF 算法 NMAE 指标的影响

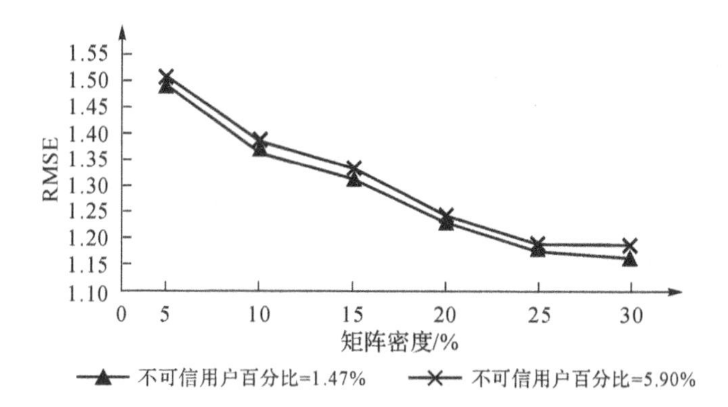

图 5.8　不同矩阵密度对 RLA-HCF 算法 RMSE 指标的影响

分析图 5.7 和图 5.8 可知,随着矩阵密度增加,NMAE 和 RMSE 的值迅速下降,当矩阵密度增大到一定值时,NMAE 和 RMSE 的值下降速度变慢。这意味着矩阵密度增加,可供预测的信息增多,预测精度会提高。分析图 5.7 和 5.8 还可以看出,在两种不同不可信用户百分比情况下,NMAE 和 RMSE 的值非常接近。表明本书的方法可以很好地识别出不可信用户,且将不可信用户的影响减到了最低。在图 5.7 中两种不同不可信用户百分比情况下的 NMAE 值相差比较小，而在图 5.8 中，RMSE 值相距较大，这是因为 RMSE 评估指标更敏感。

5.3 基于图卷积网络的带语义的服务推荐

针对现有 Web API 推荐方法面临的数据稀疏问题，以及尚未考虑的 Mashup 中 Web API 之间的构成关系问题，本书提出一种基于图卷积网络的语义变分自编码器模型来推荐更适合的服务。首先，以 API 作为节点，将 Mashup 中 API 之间的组合关系视为边，以此构建 API 同构图，进而将 API 推荐问题转换为同构图中的链路预测问题；然后，为了更准确地进行链路预测，对 14 种不同的 API 辅助信息进行语义提取，具体来说，利用 Doc2Vec 提取 API 的文本信息得到 API 图邻接矩阵，利用池化层（sum pooling layer）提取多分类特征得到 API 特征矩阵；最后，基于得到的矩阵信息，利用变分图自编码器作为端到端的模型进行链接预测，完成 Web API 的推荐。在 M-API 真实数据集上进行实验，实验结果证明了该方法的优越性。

5.3.1 问题描述

我们旨在对 API 之间是否存在链接进行分类，可以将其表述为二分类问题。根据 Mashup 中的 API 组合关系构建 API 同构图 $G(V,E)$，并使用特征矩阵 $\boldsymbol{X}$ 对其对应的边信息进行表示。使用变分图自编码器作为端到端的模型用于 API 图上的无监督学习和链路预测。

5.3.2 API 同构图的构建

为了便于研究，我们首先详细介绍从 Mashup 构建 API 图的过程，即通过将 API 作为节点并将 API 之间的组合关系视为边，从每个 Mashup 构建图。基于 API 组合关系的 API 同构图，如图 5.9 所示。

将 API i 表示为节点 v_i，如果 API 在同一 Mashup 中连续出现，则它们会通过无向边连接。通过利用 PW 中所有 Mashup 的 API 组合关系，基于两个连接的 API 的出现总数为每个边 e_ij 分配权重。具体而言，API 之间的边的权重等于整个 Mashup 数据中 API i 转换为 API j 的频率。如

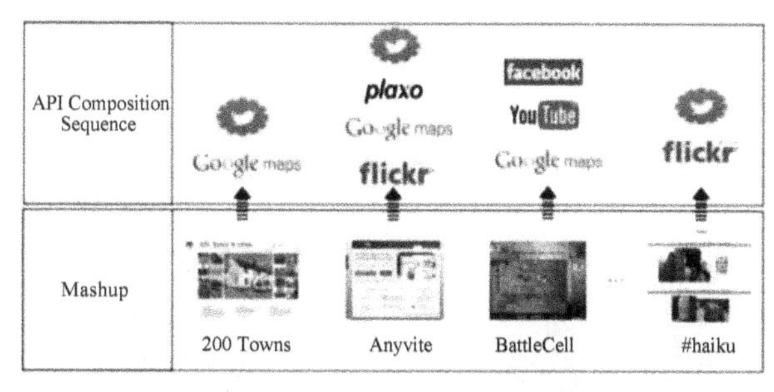

(a) 在Mashup中的API组合顺序，这些序列用于构建API图

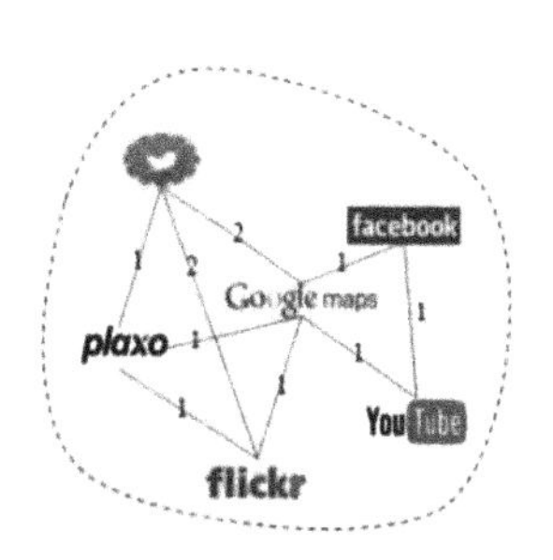

(b) 加权无向API图$G=(V,E)$

图5.9 API图构造概述

200 Towns API由 Google Map API 和 Twitter API 组成，所以 Google Maps API 和 Twitter API 之间存在连接；Anyvite 由 Flicker API，Google Maps API，Plaxo API 和 Twitter API 组成，所以 Google Map API 和 Twitter API 之间存在一条权重为 2 的边。构造 $G=(V,E)$的 API 图，在图 G 中，API 集合为 V，边集合为 E。在实际操作中，提取 Mashup 中的 API 组成序列之前需要过滤掉无效的 Mashup 和异常的 API 以消除噪声。因此，我们使用两个以上 API 组成的 Mashup。

5.3.3 语义信息的处理

为了更正确地做链路预测，使用给定的 API 属性信息非常重要。因此，API 的属性信息是模型输入的重要条件，处理 API 的属性信息可以使模型更好地学习。我们使用 14 种不同的辅助信息来提取语义，以便能更好地进行链路预测，如 API 的标签信息、提供者信息、体系结构样式信息、支持的请求格式信息、支持的响应格式信息和描述信息等。多分类信息和文本信息是两种特殊的属性信息，我们通过两种不一样的方式来处理特殊的属性信息(如标签、支持的请求格式、描述信息)。使用池化汇总层来处理多类别特征，Doc2Vec 用于提取那些被转换成向量形式的文本描述，处理过程如图 5.10所示。

通过独热编码来提取多分类特征，如 $\boldsymbol{e}_{ti}$，$\boldsymbol{e}_{reqi}$，$\boldsymbol{e}_{respi}$ 是请求格式和响应格式的基于 i 标签的表示。由于每个 API 可能属于多个标签，并且具有几种受支持的请求格式和响应格式，因此需要对不同的嵌入向量(embedding vector)执行池化汇总(sum pooling)操作。

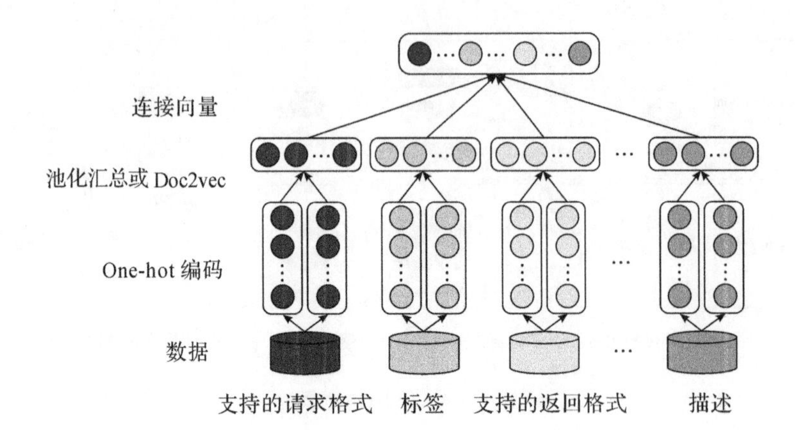

图 5.10　API 属性信息的处理过程

$$\begin{cases} e_t = e_{t1} \oplus e_{t2} \oplus \cdots \oplus e_{tu} \\ e_{req} = e_{req1} \oplus e_{req2} \oplus \cdots \oplus e_{reqv} \\ e_{res} = e_{res1} \oplus e_{res2} \oplus \cdots \oplus e_{resn} \end{cases} \tag{5-14}$$

其中，u，v，n 是标签，支持请求格式，支持响应格式的数量表示；$\boldsymbol{e}_t$，$\boldsymbol{e}_{req}$，$\boldsymbol{e}_{res}$ 是标签，支持请求格式，支持响应格式的嵌入表示向量；$\oplus$表示嵌入向量的逐元素和。

Doc2Vec 用于处理 API 描述文本。它们是一类无监督学习算法，所以可以很好地完成将文本转换为向量的任务。文档向量还解决了词袋模型的一些关键弱点，它们继承了单词的语义，还考虑了单词顺序。

Doc2Vec 框架中，每个段落都映射到一个唯一向量，由矩阵 $\boldsymbol{D}$ 中的列表示；每个单词也映射到唯一向量，由矩阵 $\boldsymbol{W}$ 中的列表示。综合可得，给定一系列训练单词 $w_1,w_2,w_3,\cdots,w_T$，可以通过对段落向量和词向量进行平均或拼接来预测文本中的下一个词。

$$y = b + Eh(w_{t-k} \cdots w_{t+k};\boldsymbol{W},\boldsymbol{D}) \tag{5-15}$$

其中，E，b 是参数，h 由段落向量和词向量的拼接值或平均值构成。段落 $\boldsymbol{D}$ 的对应参数 $\boldsymbol{E}$ 是 API 描述的嵌入向量，表示为 $\boldsymbol{e}_d$。

拼接向量将一些不同类型的嵌入向量进行拼接，把各种信息汇总在一起。

$$\boldsymbol{x} = \boldsymbol{e}_t \circ e_{req} \circ e_{rep} \circ e_d \cdots \tag{5-16}$$

其中，$\boldsymbol{x}$ 是 API 的特征向量，$\circ$ 是嵌入向量之间的拼接操作。

5.3.4 基于变分图自编码器(VGAE)模型的 Web API 推荐

经过以上两个过程可以得到 API 图的邻接矩阵 $\mathbf{A}$ 和特征矩阵 $\boldsymbol{X}$。图 5.11演示了 VGAE 的工作流程,它由图形编码器和内部乘积解码器两个模块组成。

图形编码器由两层 GCN 构成,如公式(5-17)和(5-18)所示:

$$Z^{(1)} = f_{\text{Relu}}(X, A \mid W^{(0)}) \tag{5-17}$$

$$Z^{(2)} = f_{\text{linear}}(Z^{(1)}, A \mid W^{(1)}) \tag{5-18}$$

Relu 和 linear 激活函数用于第一层和第二层。采用两层 GCN 参数化的简单推理模型作为变参图编码器:

$$q(Z \mid X, A) = \prod_{i=1}^{N} q(\boldsymbol{z}_i \mid X, A) \tag{5-19}$$

$$q(z_i \mid X) = N(\boldsymbol{z}_i \mid \boldsymbol{\mu}, \text{diag}(\sigma_i^2)) \tag{5-20}$$

$\boldsymbol{\mu} = Z^{(2)}$ 是均值向量$\boldsymbol{z}_i$ 的矩阵,类似还有 $\lg\sigma = f_{\text{linear}}(Z^{(1)}, A \mid W'^{(1)})$ 在公式(5-19) 的第一层与 μ 分享权重$W^{(0)}$。

解码器模型用于重建图数据。建议重构图结构 A,从某种意义上说,即使没有可用的内容信息 X(例如 $X = I$),该算法仍然可以正常运行,因此该算法具有更高的灵活性。解码器 $p(\widetilde{A} \mid Z)$ 可预测两个节点之间是否存在链接。更具体地说,可基于图嵌入来训练链接预测层。

$$p(\widetilde{A} \mid Z) = \prod_{i=1}^{n} \prod_{j=1}^{N} p(\widetilde{A}_{ij} \mid \boldsymbol{z}_i, \boldsymbol{z}_j) \tag{5-21}$$

$$p(\widetilde{A}_{ij} = 1 \mid z_i, z_j) = \sigma(\boldsymbol{z}_i^{\mathrm{T}} \boldsymbol{z}_j) \tag{5-22}$$

按以下方式优化变分下界 L:

$$L_{\text{recon}} = ||\widetilde{A} - A||^2 = \mathbb{E}_{q(Z|X,A)}[\lg p(A \mid Z)] \tag{5-23}$$

$$\begin{aligned} L &= L_{\text{recon}} + L_{KL} \\ &= \mathbb{E}_{q(Z|X,A)}[\lg p(A \mid Z)] - KL[q(Z \mid X, A) \parallel p(Z)] \end{aligned} \tag{5-24}$$

$KL[q(\cdot) \parallel p(\cdot)]$ 是 $q(\cdot)$ 和 $p(\cdot)$ 之间的 KL(Kullback-Leibler)散度。取高斯先验 $p(Z) = \prod_i p(z_i) = \prod_i N(z_i, 0, I)$,对于非常稀疏的矩阵 $\mathbf{A}$,用下界 L 中的$\mathbf{A}_{ij} = 1$ 进行重新加权。

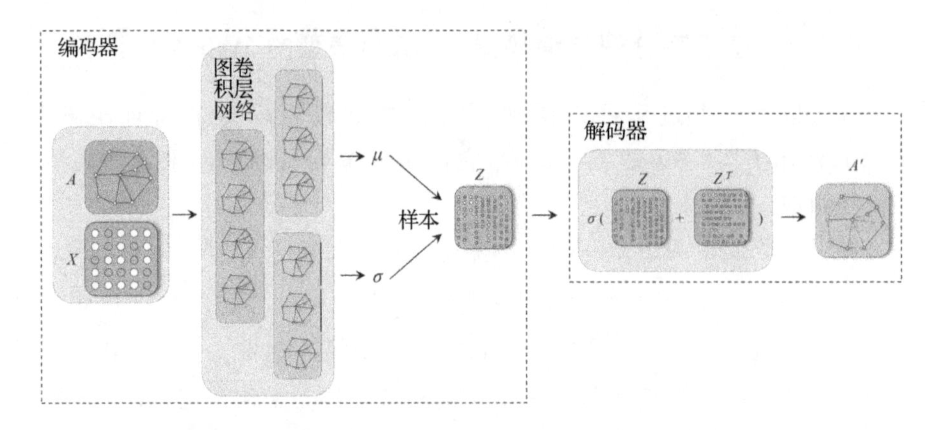

编码器使用图卷积网络获得每个节点的嵌入向量；解码器计算给定节点嵌入向量的成对距离；在应用非线性激活函数之后，解码器重建图邻接矩阵；通过最小化实际邻接矩阵与重构邻接矩阵之间的差异来训练网络。

图 5.11　变分图自动编码器的体系结构

5.3.5　实验结果和结论

(1)数据集

为了促进这项研究，建立一个名为 PAPI 的数据集 M-API。该数据集主要包含 7980 个 Mashup，1324 个 API 和 API 之间的 13658 次交互。API 图根据第 4.1 节构造。为了效率和有效性，使用 14 种类型的辅助信息(包括标签、描述、提供者、体系结构样式、支持的请求格式、支持的响应格式等)证明是有用的。该数据集的一些基本统计信息见表 5.1。从表中可以看到，M-API 的稀疏性大于 99%。

表 5.1　M-API 统计数据

数据集	节点数(Nodes)	边缘数(Edges)	SI	稀疏性/%
M-API	1324	13568	14	99.2

注：SI 指的是属性信息的种类个数；数据稀疏性根据 $\frac{\text{Edges}}{\text{Nodes}\times(\text{Nodes-1})}$求得。

(2)实验设置和评价指标

为了比较性能和参数，我们在不完整的 M-API 版本上训练模型，模型的部分 API 链接(边缘)已被删除，同时保留了所有节点功能。验证和测试集从先前删除的边缘和相同数量的未连接节点(非边缘)的随机采样对中收集。根据模型对边缘和非边缘正确分类的能力进行比较，验证集用于优化超参数。若使用随机游走(LINE，Node2Vec，EGES)进行图嵌入，API 的嵌入维数为 128，针对每个时期训练 20 个随机游走，每个 API 的长度为 10，上下文大小为 5。对于 VGAE 和 SVGAE，我们按照文献[27]中的描述初始化权重。该模型使用 Adam 进行训练，学习速率为 0.01，每个时期进行 200 次迭代[28]。

实验中，使用接收器操作员特征曲线下面积(area under curve, AUC)和平均精度(average pecision，AP)来评估所有方法的性能。AUC 是指分类器将随机选择的积极实例排名高于随机选择的负面案例的概率[16]。值得注意的是，AUC 对要平衡的样本类型不敏感，故通常用于评估不平衡样本的分类器性能。将 AP 计算为精确调用曲线下的面积，AP 考虑了两次测量(即精度和召回率)，AUC 和 AP 值越大表示性能越好。

给定所有未观察到的链接的等级，AUC 值可以解释为随机选择的缺失链接比随机选择的不存在链接获得更高分数的概率。在算法实现中，我们通常先计算每个未观察到的链接的分数，而不是给出有序列表，因为后者的任务比较耗时；然后，每次随机选择一个缺失的链接和一个不存在的链接来比较其得分。如果在独立比较中，丢失链接的得分高出 n' 倍，得分相同高出 n'' 倍。观察到的 API 之间的交互作为肯定实例，未观察到的交互作为否定实例。PW 数据集的正样本与负样本之比非常不平衡。AUC 值的计算公式为：

$$\mathrm{AUC}=\frac{n'+0.5n''}{n} \tag{5-25}$$

给定未观察到的链接的排名，将精度定义为选定的相关 API 与选定的 API 数量之比。$\mathrm{Pre}(i)$和 $\mathrm{Re}(i)$是第 i 个阈值的精度和召回率：

$$\mathrm{AP}=\sum_{i=1}^{n}\mathrm{Pre}(i)[\mathrm{Re}(i)\text{-}\mathrm{Re}(i-1)] \tag{5-26}$$

(3)效果评估

将本书的模型与以下模型进行比较，以验证方法的有效性(见表 5.2)。

LINE：大规模信息网络嵌入定义了损失函数，以保留一阶和二阶接近度，并学习顶点的表示[19]。

Node2Vec：Node2Vec 设计了一种偏向随机游走程序来学习节点映射，从而最大限度地保留了节点的网络邻居[20]。

SDNE:结构深度网络嵌入是使用自动编码器捕获目标网络的本地和全局结构的半监督网络嵌入模型[21]。

EGES:带有辅助信息的增强图嵌入使用 Skip-Gram 学习嵌入,通过加权汇总各种辅助信息的嵌入,最大限度地提高了获得序列中两个节点的共现概率[22]。

VGAE:变分图自动编码器使用图卷积网络编码器和简单的内积解码器完成链接预测任务[23]。

表 5.2 M-API 上不同方法的 AUC 和 AP

模型	AUC	AP
LINE	0.9033	0.8785
Node2Vec	0.9287(+2.81%)	0.8952(+1.90%)
SDNE	0.9325(+3.23%)	0.8898(+1.29%)
EGES	0.9410(+4.17%)	0.9348(+6.41%)
VGAE*	0.9230(+2.18%)	0.9030(+2.89%)
VGAE	0.9469(+4.83%)	0.9450(+7.57%)
SVGAE	0.9745(+7.88%)	0.9805(+11.61%)

注:VGAE*表示不使用边信息的实验。

从表 5.2 中可以看出,就 AUC 和 AP 而言,SVGAE 的性能优于其他模型。与 VGAE 相比,AUC 和 AP 的改进至少为 3%和 4%,这表明,针对文本上下文的深度提取可以增强预测性能。其次,比较带有辅助信息的模型(EGES, VGAE, SVGAE)和没有辅助信息的模型(LINE, Node2Vec, SDNE, VGAE*)可以看到,合并辅助信息对于图形嵌入非常有用。具有 GCN 的模型(VGAE, SVGAE)通常比非 GCN 模型(EGES)表现更好。更直接的比较来自 EGES 和 SVGAE, SVGAE 相比 EGES 在 AUC 和 AP 中均具有更好的性能。这并不奇怪,因为与基于随机游走的方法相比,GCN 自然可以对有用的高阶特征进行更好的提取。

本书提出了一种利用图卷积网络模型的 API 链接预测方法。其动机是:API 的内容功能以及 API 与混搭之间的历史调用关系对于确定开发人员将来对 API 的调用都至关重要。首先,利用混搭中的 API 组成关系构建 API 异构信息图。然后,为了充分利用 API 的所有分类和文本数据,使用 Doc2Vec 和求和池层提取更多语义信息。最后,采用图卷积网络编码器和简单的内积解码器，对新近更新的API，基于两个API嵌入的内点积从现有API中检索最相似的API。对M-API数据集进行的经验研究证明了该方法的有效性，并表明本书的方法显著提高了API链接预测的准确性。可以认为这项工作是系统探索自动API选择的第一步，并且是通过为开发人员重用现有的基于Web的在线API来构建最佳混搭的推荐方法。

将来，可以将GCN与知识图技术结合起来，以提供更准确和可解释的API建议。因此，可尝试将混搭辅助信息添加到API图中以构造知识图。此外，我们将特别专注于通过分析API提供者和用户之间的关系来探索他们之间的结构信息，如API可能具有不同的用户组作为关注者。我们还将在更实际的Mashup应用程序中对提出的方法进行进一步的验证。

5.4 本章小结

服务质量作为网络服务领域一个重要的非功能性属性，是衡量服务间适配的重要指标之一。本章从服务质量适配的概述和原理出发，先分析了服务适配中存在的问题、解决思路以及现有的技术；再重点介绍了两种进行服务质量适配的方法：第一种方法是利用用户声誉及空间位置感知信息，采用混合协同过滤服务进行QoS预测，第二种方法是基于GCN的组合关系进行相关API服务的推荐。

参考文献

[1] Nitto E D, Ghezzi C, Metzger A, et al. A journey to highly dynamic, self-adaptive service-based applications[J]. Automated Software Engineering, 2008, 15(3-4): 313-341.

[2] Marquezan C C, Metzger A, Pohl K, et al. Adaptive future internet applications: Opportunities and challenges for adaptive Web services technology[M]. Pennsylvania, USA: IGI Global, 2012.

[3] Metzger A, Marquezan C C. Future internet apps: The next wave of adaptive service-oriented systems? [C]//European Conference on a Service-Based Internet. Springer, Berlin, Heidelberg, 2011.

[4] Yau S, An H. Software engineering meets services and cloud computing[J]. Computer, 2011, 44(10):47-53.

[5] Tsai W T, Zhou X, Chen Y, et al. On testing and evaluating service-oriented software [J]. Computer, 2008, 41(8):40-46.

[6] Kritikos K, Plexousakis D. Requirements for QoS-based Web service description and discovery[J]. IEEE Transactions on Services Computing, 2009, 2(4):320-337.

[7] Ghafouri S H, Hashemi S M, Hung P C K. A survey on Web service QoS prediction methods[J]. IEEE Transactions on Services Computing, 2020,15(4):2439-2454.

[8] Zheng Z, Ma H, Lyu M R, et al. Qos-aware web service recommendation by collaborative filtering[J]. IEEE Transactions on Services Computing, 2010, 4(2): 140-152.

[9] Deng S, Huang L, Xu G. Social network-based service recommendation with trust enhancement[J]. Expert Systems with Applications, 2014, 41(18): 8075-8084.

[10] Chen X, Zheng Z, Liu X, et al. Personalized QoS-aware Web service recommendation and visualization[J]. IEEE Transactions on Services Computing, 2011, 6(1): 35-47.

[11] Shao L, Jing Z, Yong W, et al. Personalized QoS prediction for Web services via collaborative filtering [C]//IEEE International Conference on Web Services. IEEE, 2007.

[12] Zheng Z, Ma H, Lyu M R, et al. WSRec: A collaborative filtering based Web service recommender system [C]//IEEE International Conference on Web Services. IEEE, 2009.

[13] Ultsch A, Siemon H P. Koho-nen's self organizing feature maps for exploratory data analysis[J]. Proc Innc, 1990:305-308.

[14] Ultsch A. A tool to visualize clusters in high dimensional data[J]. U* matrix, 2003, (36):1-12.

[15] Metzger A, Chi C H, Engel Y, et al. Research challenges on online service quality prediction for proactive adaptation [C]//2012 First International Workshop on European Software Services and Systems Research-Results and Challenges (S-Cube). IEEE, 2012: 51-57.

[16] Grinstead C, Snell J. Introduction to probability [M]. Charles ST, USA: Amer Mathematical Society, 1997.

[17] Hahn E M, Hermanns H, Zhang L. Probabilistic reachability for parametric Markov models[J]. International Journal on Software Tools for Technology Transfer, 2011, 13:3-19.

[18] Sammodi O, Metzger A, Franch X, et al. Usage-based online testing for proactive adaptation of service-based applications [C]//Computer Software & Applications Conference. IEEE, 2011.

[19] Bertolino A, Angelis G D, Polini A. CAST: A framework for on-line service testing

[C]//International Conference on Web Information Systems and Technologes. SCITEPRESS, 2011,5(2):36-42.

[20] Greiler M, Gross H G, Deursen A V. Evaluation of online testing for services[J]. Internation Workshop on Principles of Engineering Service-Oriented Systems, 2010, 5 (2):36-42.

[21] Apt K. Principles of constraint programming [M]. Cambridge, UK: Cambridge University Press, 2003.

[22] Ivanovic D, Treiber M, Carro L, et al. Building dynamic models of service compositions with simulation of provision resources[C]//29th international conference on Conceptual modeling. Vancouver, Canada, 2010.

[23] Jamoussi Y, Driss M, JM Jézéquel, et al. QoS assurance for service-based applications using discrete-event simulation[J]. International Journal of Computer Science Issues, 2010, 7(4):1206-1233.

[24] Sampath, M, Sengupta, et al. Diagnosability of discrete-event systems[J]. Automatic Control, IEEE Transactions on, 1995,40(9):1555-1575.

[25] Leitner P, Michlmayr A, Rosenberg F, et al. Monitoring, prediction and prevention of SLA violations in composite services [C]//IEEE International Conference on Web Services. IEEE, 2010.

[26] Ejarque J, Micsik A, Sirvent R, et al. Semantic resource allocation with historical data based predictions[J]. Iaria, 2010,6(7):104-109.

[27] Haykin S. Neural networks and learning machines[J]. Pearson Schweiz Ag, 2008,12: 26-34.

[28] Liang T, Chen L, Wu J, et al. Meta-path based service recommendation in heterogeneous information networks[C]//International Conference on Service-Oriented Computing. Springer, Cham, 2016: 371-386.

[29] Xie F, Chen L, Ye Y, et al. Factorization machine based service recommendation on heterogeneous information networks[C]//2018 IEEE International Conference on Web Services (ICWS). IEEE, 2018: 115-122.

第6章　服务需求建模与需供匹配方法

6.1　概　述

需求工程，作为软件工程中最复杂的阶段之一，对软件项目的成败具有至关重要的作用。需求工程针对的问题都与特定应用领域息息相关，涉及人与人、人与活动以及人与资源之间错综复杂的交互。不同的利益相关方由于所扮演的角色不同，看待问题的立场和关注点也有差异，彼此之间很难达成共识。作为模型分析和构造的过程，软件建模是对软件待解决问题进行抽象刻画的过程，被视为从问题域向解决方案域过渡的桥梁，是软件工程中的重要技术手段。同样，需求建模旨在对获取到的初始需求进行分析和建模，将需求进行抽象描述，同时消除可能存在的冲突，在不同的利益相关方之间达成一致，得到待开发软件系统的需求模型，形成指导后续软件开发的模型基础。

随着互联网技术的快速发展，Web服务在应用软件的开发过程中已变得不可或缺，面向服务的软件系统开发正在逐步流行。在面向服务的软件系统构造过程中，服务需求建模同样发挥着重要作用。在面向服务的软件开发过程中，从服务适配的角度考虑，如何发现和重用已有的服务资源，并利用服务组合来适配用户需求已成为迫切需要。本章在RGPS（角色-目标-过程-服务）需求元模型框架和“回型”服务关系模型基础上，构建了面向服务适配的服务需求元模型，从角色、目标、过程、服务等多个不同视角出发，对用户服务需求进行刻画，促进软件服务系统的需求分析和服务需供双方的适配。

基于Web服务进行软件应用开发能够有效提高软件复用和开发效率，通过重用已存在的服务来实现某个功能已成为互联网上软件开发的重要形式。因此，互联网上的Web服务数量大幅增长，与此同时，Web服务描述方式的多样化，也为从服务库中准确、高效地发现能够满足用户需求的服务带来了巨大困难。针对当前Web服务描述中存在的语义稀疏问题，研究者基于使用外部丰富知识的思路，将服务文本描述中的单词在维基百科上的词条解释作为外部知识引入服务描述，以缓解数据集中存在的数据稀疏性问题，并在此基础上提出一种结合神经主题模型和基于注意力机制的双向LSTM模型进行服务匹配。在公开数据集上开展实验可验证所提出的方法的有效性。

6.2 面向服务适配的需求建模

6.2.1 经典的软件需求建模方法

本节将介绍基于目标的软件需求建模方法、基于用例的软件需求建模方法等几种经典的软件需求建模方法。

(1)基于目标的软件需求建模方法

面向目标的需求工程关注早期的需求分析和建模，考虑如何利用系统目标进行需求获取、精化、分析、协商以及文档化，并对需求进行变更和管理[1]。Yue等人[2]于1987年首先提出了“目标”这一概念，并指出在软件需求分析过程中，不仅要分析“做什么”和“如何做”，还需要回答“为什么做”，即明确不同利益相关方进行软件开发的目的和动机。

之后，研究者提出了一批面向目标的需求分析和建模方法，这些方法从分析最原始的需求描述入手，将初始用户目标进行分解和精化，逐步获取更加具体的目标并构造目标模型，进而完成需求建模。其中，最具代表性的方法有KAOS(knowledge acquisition in automated specification)[3]和i^*[4]。

KAOS是比利时鲁汶大学的需求工程专家提出的需求工程方法，旨在为需求工程过程提供全面的帮助，涵盖需求工程的各个阶段[5]。KAOS主要包含目标视图、对象视图、代理视图和操作视图四个互补的视图。目标视图中，目标可以被精化与分解为子目标，即从抽象的描述细化为更加具体的描述。这个视图还可以展示出目标之间的约束与实现目标的障碍等关联。对象视图描述了与系统和环境相关的对象、关系和事件。代理视图描述了与系统和环境相关的软件和人。使用代理和其要完成的需求之间的“职责”连接,以及代理和其可执行的操作间的“能力”连接,可对每个代理的职责和能力进行建模。这样,每个需求被相应地赋予一个代理来完成。在操作视图中,目标最终被精化为可操作的软件需求。

在软件开发中,理解软件系统所处的上下文和处理逻辑对系统的成功开发至关重要。为此,加拿大多伦多大学的需求工程专家 Yu 等人[4]提出了i^*框架,用以对软件系统及其所处的组织环境进行建模和推理。i^*框架主要涵盖策略依赖(strategic dependency,SD)模型和策略原则(strategic rationale,SR)模型。前者用来描述组织环境中不同利益相关方之间的依赖关系;后者用来刻画如何通过系统和环境中的各种配置来满足这些目标诉求。SD 模型包括各种意愿元素,如目标、任务、软目标和资源等。这些意愿元素可作为外部的依赖,同时也通过“方式-目的(means-ends)”关系和任务分解关系等进行连接。SR 模型提供了对参与者目的进行建模的方法,描述了它们如何被满足,以及不同的选择方案对参与者的影响。SR 模型还定义了软目标(即非功能目标),通过促进或阻碍等关系与各种目标实现方案进行关联。分析各个方案对不同软目标的正面或负面影响,可以明确选择某个方案的理由,帮助分析人员作出合理决策,更好地确定软件需要达成的需求。

另一些目标建模方法在这两类目标建模框架基础上被提出。例如,Tropos 在i^*框架的基础上开展早期需求分析,还进一步完成了从需求到后续软件设计和实现阶段的映射[5]。非功能需求(non-functional requirements framework,NFR)[6]则聚焦于各种软目标如何被满足。另外,TR(teleo-reactive)系统是一种以目标为导向的系统,可以用来管理系统的行为、输出和状态以响应来自系统内部或外部的刺激。Morales 等[7]通过确定指定 TR 系统的可理解级别的性能比较了i^*和 KAOS,使用两组数据集展开实验,并使用统计学的方法分析数据,结果表明,在对 TR 系统建模时,i^*比 KAOS 更易理解。Ahmad 等[8]以 KAOS 为基准扩展 SysML 并将其应用于环境系统,通过将其与领域特定语言(domain specific language,DSL)相比较,展示其如何更好地为环境系统建模。

(2)基于用例的需求建模方法

用例是统一建模语言 UML 中对用户需求进行表达和描述的主要方式[9]。用简单的图符和相关自然语言文本对系统与用户或外部环境之间的交互进行刻画,有助于实现不同利益相关方之间达成共识,以促进获取高质量的软件系统需求描述。

基于用例的需求建模方法中的基本概念是参与者和用例。对参与者和用例及其之间的关系进行建模,可以从系统外部可见的功能需求加以刻画,帮助用户和开发者共同分析系统功能需求。基于用例的建模方法也有进一步的扩展方法。例如,Lee 等人[10]提出了一种目标驱动的用例建模方法,他们利用目标来指导构造用例模型。该方法首先通过识别所有可能与系统直接相关的用户来确定参与者,然后根据刻画分类模式来确定目标,最后构建用例模型。该方法的特点是可以通过分析目标和用例间的关系来识别需求间的相互作用。

基于用例的需求分析过程通常是由需求工程师手工进行分析,往往耗时、耗力且易出错。Somé 等人[11]提出了一种基于用例支持工具的需求工程方法,该方法提供了用例的形式化、受限的自然语言用例描述方法、可执行规格说明的推导以及用例的仿真环境,可以在确保所有利益相关方对用例可读和可理解的同时,实现需求规格说明推导的自动化。El-Attar 等人[12]提出了一种基于用例文本描述的活动图自动生成方法。生成的活动图可以确保所有利益相关方对工作流达成共识,从而能在用例模型中准确地表达软件的功能需求。

(3)其他软件需求建模方法

除了上述两类需求建模方法外,还涌现其他一批代表性的需求建模方法。例如,面向企业组织的建模方法[13]强调在软件开发前先理解所处的组织结构,明确完成操作相关的业务规则,组织成员的目标、任务和责任,以及需要处理的数据。这种方法通常与基于目标的需求建模相结合,通过描述组织行为获取组织中引入软件系统的真正意图,以便开发出满足客户需求的软件。

面向特征的方法[14]是一种被广泛采用的对领域或软件产品线进行建模的方法。从需求的角度来看,特征体现了进行需求获取的用户要求系统具有的特性。领域特征模型通过建模领域中一组相对稳定的特征及其关系反映整个领域的软件需求。面向特征的方法可以对领域中的共性特征和变化性特征进行建模和管理。共性特征是领域中进行应用系统建模所需的重要基础，而变化性特征则体现了系统的个性化需求。

基于本体的建模方法也被广泛用于需求建模中。需求建模要在不同的利益相关方之间达成一致的术语约定，避免二义性。利用共享的本体来捕获相关的领域知识，既能提供对共性需求明确的共同理解，又有助于软件的协同与交互。例如，ODE 方法是一种比较典型的基于本体的领域分析方法，包含本体开发（领域分析）、领域模型到对象模型的映射（基础设施规范）和 Java 构件开发（基础设施实现）[15]。北京大学金芝等人[16]也提出了一种基于本体的需求分析和建模方法。该方法以企业本体和领域本体为基本线索，引导领域用户全面描述现实系统，并通过重用领域需求模型，构造应用软件需求模型。

6.2.2 面向服务适配的服务需求元模型

上述需求建模方法主要是针对软件开发的问题和特点提出的，并未关注面向服务的软件开发所面临的问题和特点，同时，建模过程中针对的视角相对单一，难以对服务系统进行全面刻画。在面向服务的软件开发过程中，从服务适配的角度考虑，如何发现和重用已有的服务资源，并利用服务组合以适配用户需求已成为迫切的需要。

在面向服务的需求建模方面，武汉大学提出了 RGPS 需求元模型框架[17]，用来指导面向服务的网络式软件需求建模，构造包括角色-目标-过程-服务四个层次的元模型及其之间关系的元模型。RGPS 需求元模型框架支持从不同的层次以不同的视角表达用户需求，使功能需求与非功能需求有机融合，有助于建立规范化的需求规格表达。同时，浙江大学提出的“回型”服务关系模型则是针对现代服务业中新型服务形态的可扩展的服务模型[18]，涵盖了服务提供主体、服务消费主体、第三方平台、服务过程、服务目标和服务价值等元素，能够从现代服务业的角度对服务过程和服务系统进行有效刻画。

面向服务适配的服务需求元模型主要包括角色、价值、目标、流程、服务五个核心元素以及多个辅助元素及其之间的关系，如图 6.1 所示。角色是在特定的组织情境下，对组织中的部分行为和责任进行的抽象刻画，包括角色名称和所属组织两个基本属性。在现代服务业中，不同角色在一个商业网络中通过协同生产或者物品及服务的交换，实现价值创造或满足价值请求。角色承担相应的角色目标，目标表示用户希望软件系统达到的状态，完成目标可帮助角色实现价值。根据目标完成准则的不同，目标可分为功能目标和非功能目标。流程能够完成功能目标，并促进非功能目标的满足。流程定义的功能通常由服务来加以支撑和实现。这些核心元素间的关系如图 6.1 中的粗线所示。

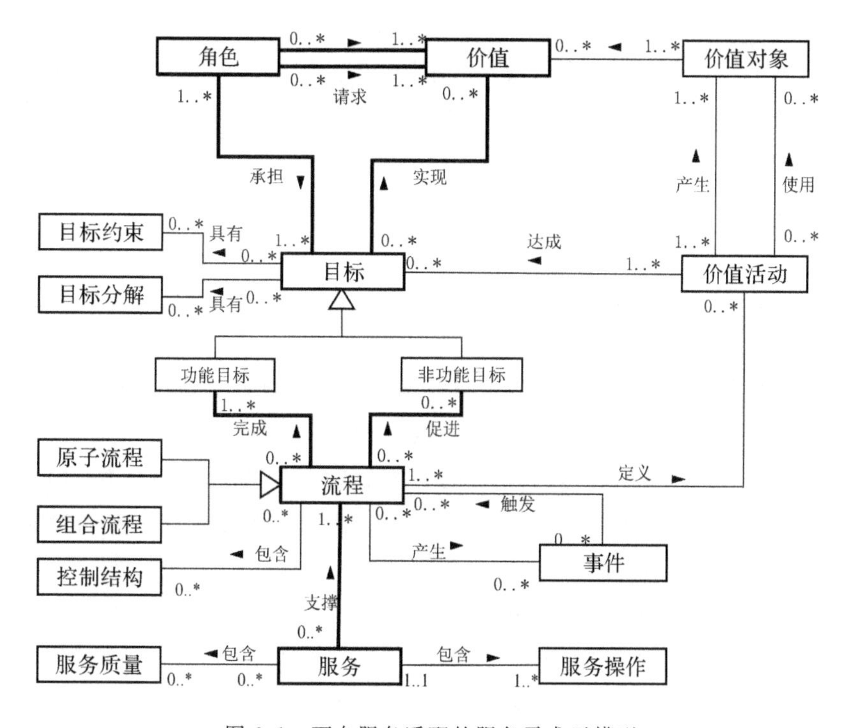

图 6.1　面向服务适配的服务需求元模型

下面从价值、目标、流程、服务等不同层面出发，对元模型进行细化，并结合用户打车场景进行介绍。

在价值层面，应着重分析不同参与者在价值交换过程中的交互。参与者是有意识的实体，可以是人，也可以是软件代理，人类参与者主要分为个体和组织。参与者可以作为服务消费主体和服务提供主体。在具体的业务场景中，每个参与者可以扮演一个或多个角色。角色在价值交换过程中拥有或请求的价值是通过价值对象承载的。价值对象是一种用于不同角色之间进行请求和交换的价值产品，具有名称、类型、价值接口、提供者、使用者等属性。价值对象可以是资源或服务，如用户在使用打车服务后，需要支付一定额度的费用等。

不同的角色可以拥有不同的角色目标。角色在完成目标的过程中，需要通过一系列价值活动来实现，如司机若希望获得报酬，就必须在打车平台接单，并将乘客安全送达目的地。价值活动具有名称和执行者(代表该价值活动的承担者)两个属性。在开展这些价值活动的过程中，根据具体情境的不同，会发生价值对象的传递或交换等过程，这些价值对象由参与者来提供和使用。

现有的打车服务流程大致为：开始—乘客选择打车软件—选择目的地—选择车型—司机接单—车辆预约成功—上车—下车—订单支付—选择支付方式—支付成功—结束。这一打车活动由一系列价值活动构成，用于实现乘客到达目的地这一目标。这个价值活动中包括司机和乘客两个角色，金钱资源这一价值对象被乘客使用，用于完成价值活动，不同的支付方式则可视作不同的价值接口，乘车服务这一价值对象由司机提供，乘客对其有快速到达的质量期望。

在目标层面，目标反映了用户的需求和意图，对目标进行建模有助于更好地描述用户期望，进而指导后续的服务设计和开发工作。在服务价值分析清楚后，需要对目标进行进一步的分解、精化，以得到可操作性目标。在对目标建模时，可将粗粒度的目标按照“自顶向下”的方式逐层分解精化，直至得到可操作的子目标。

依据目标完成准则的不同，目标可分为功能性目标和非功能性目标。功能性目标代表对系统的功能诉求，而非功能性目标则是对系统的非功能属性的期望，其评价的准则通常带有一定的主观性。在服务系统中，主要关注的非功能特征包括可用性，性能包括响应时间、性能吞吐量、可靠性、安全性和可维护性。大粒度的上层目标需要进一步地分解为细粒度的可操作性目标，以便利用服务来实现这些目标。可操作性目标是一种功能性目标，通常也具有非功能属性。上层目标可以分解为下层的子目标，分解关系包括“与”和“或”。“与”关系意味着只有子目标都完成以后，父目标才能完成；“或”关系意味着子目标是实现父目标的一种方式。目标之间除了存在上述的纵向分解关系以外，还存在约束关系，根据目标之间的相互影响，可将其分为“依赖”和“排斥”两种。“依赖”表示只有被依赖目标实现后，另一个目标才能实现；而“排斥”表示两个目标之间不兼容，即一个目标的实现会导致另一个目标无法实现。

在流程层面，流程是一组活动按照一定的逻辑关系通过相互连接来完成特定任务的,其拥有名称和控制结构等属性,其中控制结构表示该流程的执行模式,主要包括顺序、选择、并发、循环四种执行模式。顺序是指流程按照预先定义的模板依次执行;选择是随机选择一个流程节点来执行;并发是指流程构件以并发的方式执行,当所有的流程构件都执行完毕以后,整个流程才执行结束。流程在执行过程中,会产生一些事件,而事件又会触发某些流程。按照粒度的大小,流程可分为原子流程和组合流程。原子流程是不可分割的最小粒度单元。组合流程通常包括一个以上的原子流程,并通过控制结构来定义这些流程的运行模式。流程可以定义价值活动,即定义一个价值活动有哪些执行节点以及这些节点之间的执行逻辑,一系列的价值活动可以达成目标。

在服务层面,服务可以支撑和实现流程定义的功能。服务包含服务操作,服务操作的属性有前置条件、后置条件以及输入和输出接口。前置条件是指服务执行之前需要满足的条件;后置条件是指服务执行结束必须满足的条件。每个服务还有服务质量属性,表示服务在非功能方面的特性,是评判能否满足用户非功能期望的依据。

6.2.3 基于服务需求元模型的建模方法

在面向服务适配的服务需求元模型指导下,具体应用场景下软件服务的需求建模,主要从服务价值、服务目标、服务流程、服务能力等层面展开。

首先对系统所处的业务场景进行分析,识别服务需求利益相关方及其基本的价值诉求和业务目标,明确软件服务涉及的参与者、价值对象、价值交换机制、价值活动等要素及其之间的语义关系。包括识别领域角色,明确业务场景中的服务、产品、资源等,并确定参与者和角色;识别价值对象,在服务价值模型中,不同角色之间进行价值对象的交换,确定每个角色希望获得的价值;分析价值活动,在价值活动执行过程中会使用和产生价值对象,因此可以从价值对象交换过程入手,分析这些价值对象的交换所涉及的活动。

先要进行目标识别和定义,通过目标分析将所有涉众的责任加以明确。具体包括分析服务价值模型中每个参与者的目标、目标类型,建立目标之间的语义关系,着重刻画目标间的分解关联,并分析目标间的依赖和约束关系。目标分解直到所有目标模型中的最下层节点是可操作目标才结束,对于每个可操作目标,参照 KAOS 中的相关概念,将其定义为由人来直接完成的功能(即属于某个涉众个体的责任或职责)或者由某个软件主体来实现(即某个服务资源可以提供的服务或软件服务应该具备的功能)。对于目标分解而言,建议的原则是分解的粒度越细越好,对目标进行细粒度的分解可以帮助明确用户需求,同时也有助于设计人员在服务封装时作出更好决策。

然后需要考虑如何通过流程完成这些目标。根据分析得到的不同角色的目标,分析完成此目标所需要的流程,明确各流程的控制结构。首先,通过内容匹配建立可操作目标与活动之间的关联,丰富活动的描述信息(如输入、输出,以及产生或触发其运行的事件等)。然后,基于目标之间的依赖或分解关系确定流程间的时序关系,并定义流程间的控制结构。例如,目标间的或关系可以映射为活动间的并发或选择结构,目标间的依赖关系可以映射为活动间的顺序结构。

最后,进行抽象服务需求的定义。服务建模旨在将用户需求目标与特定的 IT 服务相关联。根据目标和流程定义相应的服务接口需求,同时根据流程间的控制结构建立服务间的依赖关系。目标分解结构中的所有目标并不意味着都需要设计、开发相应的服务来完成,服务的识别需要在目标分解的基础上遵循一定的原则来开展。例如,提交订单可以作为一个粗粒度的服务实现提交订单服务的一系列内部操作(如查询客户信息、获取产品属性、修改库存信息等)。这些服务能提供相对较小的功能单元,从而为后续复用提供良好的灵活性。

通过上述步骤,用户需求实现了从价值到服务的逐步细化建模,并在服务需求建模的基础上,进行服务设计开发或者基于已有服务的匹配和发现。从服务提供者(供给方)的视角出发,可以基于服务需求元模型刻画所提供服务的服务角色、服务价值、服务目标、服务流程和服务能力等信息,如图 6.2所示。从服务请求者(需求方)的视角出发,可以基于服务需求元模型刻画所需服务的服务角色、服务价值、服务目标、服务流程和服务能力等诉求。

6.3 基于深度学习的服务需供匹配方法

面向服务适配的需求建模提供了一种在服务系统构造过程中对服务系

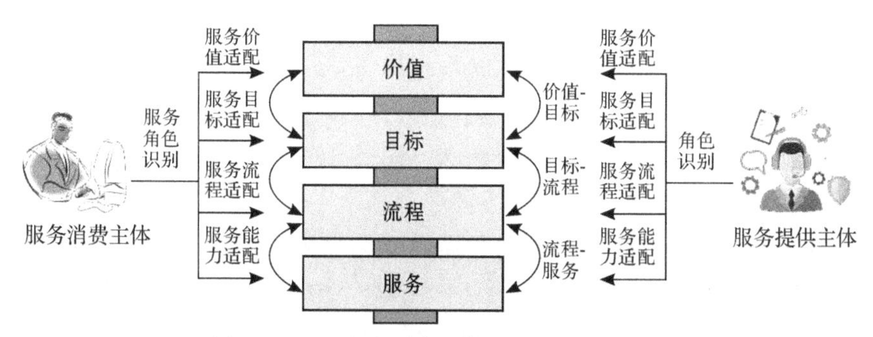

图 6.2 基于服务需求元模型的服务适配框架

统需求的表达方式，同时也提供了一种服务资源的标注方式，以促进服务资源的按需精准适配。然而，目前互联网上的服务资源大多缺乏这种较为理想的结构化标注方式，常见的服务功能需求表达方式有基于网络应用程序语言(Web application description language, WADL)、网络服务描述语言(Web services description language, WSDL)等服务描述语言的结构化描述和简单文本描述两种。前者对用户的要求较高，需要懂得 WADL、WSDL 等服务描述语言的规范并将服务功能需求用符合规范的方式表达出来，有助于进行功能接口的精准匹配，即用户有服务的结构化需求描述，希望找到与该服务功能相似的服务，或者根据一个复杂的需求描述和部分已匹配功能需求的服务，寻找满足其余功能的服务。早期的服务发现和匹配大多是针对这类需求开展研究的，但随着近年来 RESTful(representational state transfer, 描述性状态转移) Web 服务的流行，越来越多的 Web 服务以简单文本的形式进行表达，因此，基于简单文本描述的服务需供匹配研究变得越来越重要。

6.3.1 服务需供匹配的相关研究

服务需供匹配或服务发现是根据用户需求从服务库中寻找合适服务的过程。用户对服务的需求不仅体现在服务的功能属性，还体现在服务的非功能属性，如响应时间、吞吐量等。早期研究主要关注服务的功能属性，随着功能相同或者功能相似的服务越来越多，满足用户需求的服务也呈现出多样性特征，为了发现性能更优或者评价更高的服务，服务的非功能属性成了服务发现的重要标准。

在服务匹配的过程中，最初大多是基于关键词的方法，由于基于关键词匹配的限制，服务发现的准确率和效率一直不高。为了解决关键词搜索的局限性，大量基于语义的服务发现方法被提出。这些方法大多是通过描述逻辑或一阶逻辑对服务进行精确的形式描述，形成各种语义 Web 服务描述语言（如 WSDL-S、OWL-S 和 WSMO 等），并将服务匹配问题转化为逻辑推理问题。文献[19]最早提出了基于 DAML-S（OWL-S 的前身）进行服务描述，并且通过对服务描述和用户请求进行基于本体的语义匹配来发现服务。在文献[20]中，Web 服务的请求方和提供方的输入、输出间相似度匹配通过比较与之关联的领域本体来实现。在文献[21]中，服务供需双方的输入、输出参数通过基于本体的二部图进行匹配。除了对基于 WSDL 描述的 Web 服务进行语义匹配外，OWLS-MX[22]和 WSMO-MX[23]可用来在 OWL-S 和 WSMO 描述的服务中进行语法与语义结合的混合式服务匹配。总的来说，这种类型的方法首先使用基于本体的描述语言来描述服务，即使用领域本体对服务和查询进行标注，然后利用本体推理进行服务匹配，这种基于本体推理的方法在一些情况下可以获得理想的性能。但这种方法面临的主要困难是许多匹配任务缺乏合适的本体进行描述，而构建这样的本体并使用本体标注 Web 服务会耗费过多的人力。

基于语义的方法严重依赖本体，导致服务发现过程复杂，所以在实际应用中难以被采用。近年来，机器学习技术特别是聚类技术被广泛地应用于服务发现中。将服务需求与所有候选服务进行逐一匹配是一个十分耗时的过程。针对此问题，在进行服务匹配之前，可以利用候选服务集的聚类结果缩减待匹配的服务搜索空间。Elgazzar 等人[24]提出了一种方法，其从服务描述文档中抽取服务的内容、类型消息、接口和服务名称作为特征，将特征相似的服务聚为同一类簇。Liu 等人[25]使用文本聚类方法抽取服务的内容信息、主机名、服务名称来进行聚类。Chen 等人[26]提出了一种服务聚类方法，他们使用服务的标签数据和服务描述文档作为主题模型的输入参数进行聚类。Aznag 等人[27]提出了使用主题模型从服务描述中抽取出主题信息，并利用形式概念分析（formal concept analysis，FCA）进行层次聚类，以便在主题空间下匹配服务。Zhang 等人[28]通过将服务目标进行聚类来提高服务发现的效果。近年来，深度学习成为自然语言处理任务的主流工具，一些研究者尝试将词嵌入和命名实体识别等技术应用于服务发现。例如，Tian 等人[29]结合词嵌入和主题模型来提高服务发现的性能。Xiong 等人[30]利用深度学习方法从服务描述中生成文本特征以用于后续的服务推荐。

注意力机制和长短期记忆网络也被广泛应用于生成更高质量的服务描述特征向量。例如,Cao等人[31]在Web服务分类中应用注意力机制和长短期记忆网络。Shi等人[32]在服务推荐中利用基于注意力的长短期记忆网络,并通过在服务描述语料库中进行丰富以解决语义稀疏性问题。Yang等人[33]还提出了一种将卷积神经网络与长短期记忆网络相结合的服务分类方法。

6.3.2　结合注意力机制LSTM和神经主题模型的服务匹配方法

6.3.2.1　方法概述

在服务需供匹配过程中,用户需求存在包含功能语义信息的文本内容,文本形式的需求和服务描述之间的匹配程度可以理解为服务对用户需求的匹配程度。

在现有文本匹配方法中,基于关键词的方法主要统计用户需求和服务描述之间在关键词上的相似性,难以捕捉语义层面上的关联,同时还面临着服务描述的关键词缺失和不准确等问题,难以满足准确匹配的要求。基于主题模型的匹配方法可以在当前语料库级别上捕捉到单词的语义信息,对用户需求和服务描述的文本进行主题建模,并基于两者的主题分布进行相似性计算,而对于文本描述本身存在的关键词稀疏、关键词不准确等问题,这类方法往往不能很好解决。近年来,向量化的深度学习模型在文本匹配中已逐渐取得更好效果,基于大规模的自然语料训练出的单词向量化表达能够更加接近单词的真实语义,基于注意力机制的方法还能够将文本中对文本语义更加关键的部分进行增强,同时使用单词的人工释义能够一定程度上缓解服务描述和需求中的语义稀疏问题。

基于上述分析,本节利用外部知识对稀疏的服务描述进行丰富,并基于注意力长短期记忆网络和神经主题模型实现了一种服务发现方法——AENTM(attentional enriched neural topic model),方法的整体结构如图6.3所示。该方法侧重于使用神经网络和在开放语料库上进行预训练的词向量来增强模型对匹配过程中用户需求和服务描述之间的理解,并通过引入关键词的外部解释实现对稀疏关键词的准确理解。对于引入的外部知识,AENTM通过一种神经主题模型对丰富后的文本进行建模,并使用模型的输出作为匹配过程中注意力机制的依据。

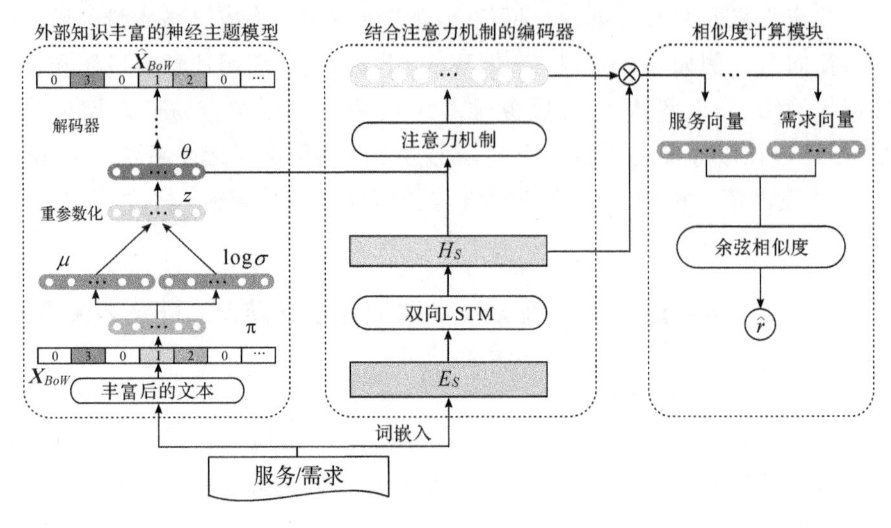

图 6.3　服务匹配模型整体结构

(1)神经主题模型与引入外部知识

服务描述和用户需求描述的文本具有语义稀疏的特点。例如,用户描述中常常仅存在几个关联性不强的单词,常用主题模型难以准确进行建模,AENTM 通过引入外部知识对服务和用户需求的文本描述进行丰富,从而实现对文本语义的整体理解,并引入神经主题模型用于服务文本描述的主题建模,提高主题建模过程的质量。神经主题模型还可与记忆神经网络联合训练以实现对下游任务的优化。

在引入外部知识的过程中(见图 6.4),首先要从服务的描述性信息中提取出代表性词汇,即使用分词、去除停用词、词形还原等方法对提取出的词汇进行处理。再对单词在百科类网站中查询对应的词条,从中选取词条释义的第一段作为增强语义的内容添加到提取出的文本中。文本中每一个单词进行这样的操作后都可以得到丰富后的文本描述,丰富后的文本会被再次进行分词、去除停用词、词形还原等操作。

然后将丰富后的文本描述转换成为离散的词袋向量形式的表达式 $\boldsymbol{X}_{BoW}$,作为神经主题模型(见图 6.5)的输入。神经主题模型接收描述的词袋向量作为输入,通过多层感知机的处理得到重参数化的参数 u 和 σ,重参数化的结果经过 softmax 归一化后作为服务描述的主题分布 θ。神经主题模型中包含两个参数更新的过程:①在神经主题模型训练过程中,模型目标是从主题分布 θ 中重建出词袋向量 $\boldsymbol{X}_{BoW}$;②在使用主题向量过程中,主题

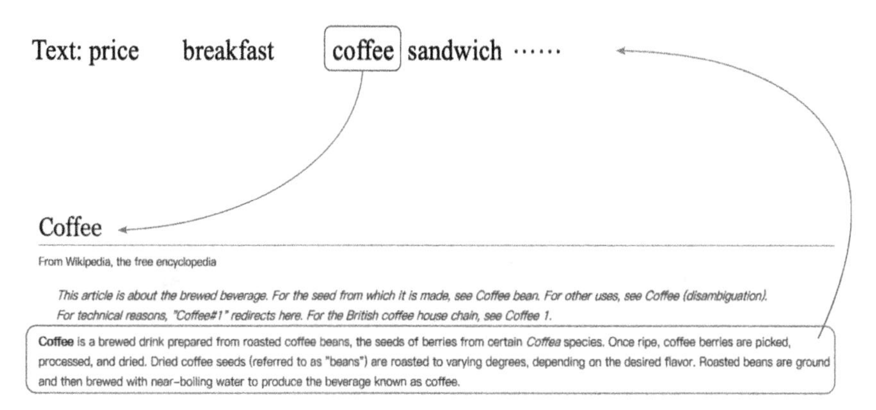

图 6.4　外部知识库的丰富过程

模型生成主题分布 θ 后交给后续任务，主题模型的参数会在下游任务的反向传播中被更新。

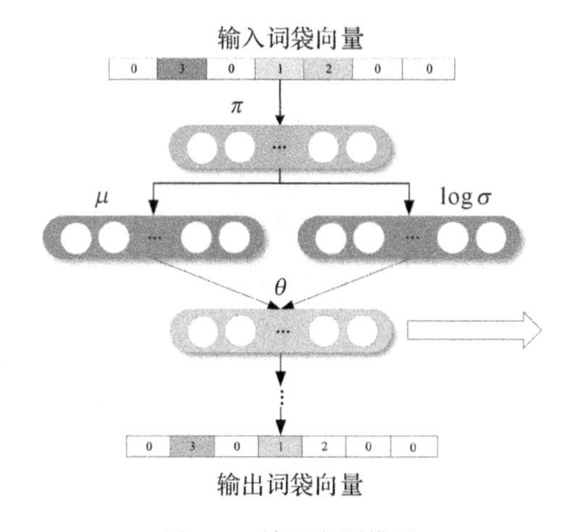

图 6.5　神经主题模型

$$\pi = \mathrm{relu}(W^{\pi} \cdot \boldsymbol{X}_{BoW} + b_{\pi})$$

$$\mu = \mathrm{relu}(W^{\mu} \cdot \pi + b_{\mu})$$

$$\log\sigma = \mathrm{relu}(W^{\sigma} \cdot \pi + b_{\sigma})$$

$$\mathrm{Draw} z \sim N(\mu, \sigma^2)$$

$$\theta = \mathrm{softmax}[\mathrm{elu}(W^{\theta} \cdot z + b_{\theta})]$$

$$\hat{\boldsymbol{X}}_{BoW} = \mathrm{relu}(W^{\varphi} \cdot \theta + b_{\varphi})$$

(2)结合注意力机制的 LSTM

AENTM 使用在大规模语料库上预训练的词向量对未经丰富的服务

描述进行词嵌入，得到每个词汇的稠密向量表达 $\boldsymbol{x}_t$，如图 6.6 所示。再使用双向 LSTM 对输入文本描述的嵌入矩阵进行特征提取，得到的单词特征向量包含其上下文的信息。

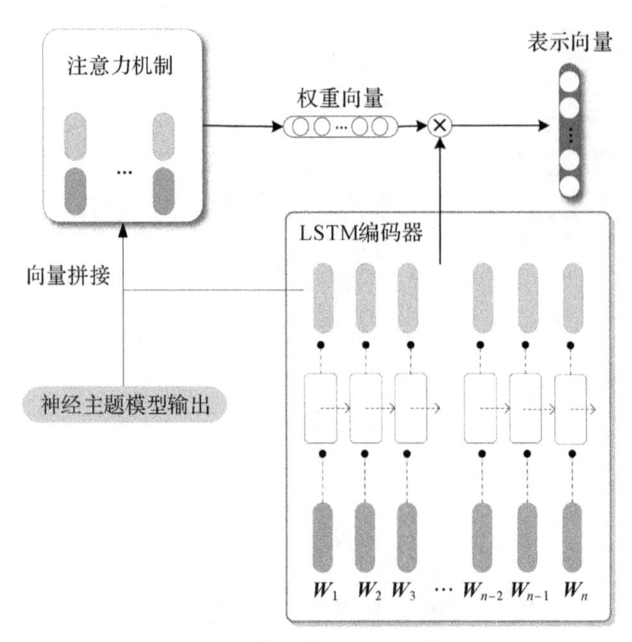

图 6.6　带注意力机制的模型

对于一段文本，在匹配过程中起关键作用的往往只是其中一部分单词，现有模型通常只使用一段文本中单词向量的均值，故这一特点往往被忽略。注意力机制的作用是给予文本描述中的单词以动态权重，从而根据待匹配双方的具体文本内容将无关紧要的单词权重降低。模型使用神经主题模型生成的主题向量作为注意力机制的依据，神经主题模型生成的主题分布 θ_s 和 H_s 通过一个全连接层和激活函数进行归一化处理，每一个词对应一个权重，表明当前词汇和描述整体主题分布的相关系数。将相关系数与 H_s 相乘可得到注意力机制加权处理后的文档特征表达 O_s。权重系数计算过程如下所示：

$$a_s = W^a \cdot \tanh(W^\theta \cdot \theta_s + W^h \cdot h_i)$$

$$A_s = \mathrm{softmax}(a_s)$$

$$O_s = A_s^{\mathrm{T}} \cdot H_s$$

在匹配过程中，AENTM 在每个服务的描述文本和待匹配的用户需求文本之间执行上述计算得到各自的特征向量，再对两者特征向量使用余弦相似度计算，将所有待匹配对之间的相似度进行排序，相似度高的服务作为语义上更能满足用户需求的服务返回。

6.3.2.2　实验分析

在公开数据集 SAWSDL-TC 上进行实验验证，评估模型的有效性。该服务数据集包含 1080 个服务和 42 个用户请求，这些服务属于 9 个领域。每个用户请求与所有服务都提供了人工评估的分级相关性（1～3），其中，3 表示高相关性，1 表示低相关性。

评估指标选择精确值、召回值、$F1$ 值和归一化折损累计增益（nomalized discounted cumulative gain，NDCG）值四个在服务发现研究中的常用指标。对比方法选择 LDA、Lucene、Doc2Vec、WMD、LSTM、CNN＋LSTM 等在该问题上较为经典和前沿的方法。

对于主题模型来说，主题数量越多表明模型有更多的参数可用于对每个输入进行建模，但是过多的参数会使模型丧失泛化性，难以捕捉到输入之间的共性，因此模型的主题数目是一个重要的参数。图 6.7 是模型在主题

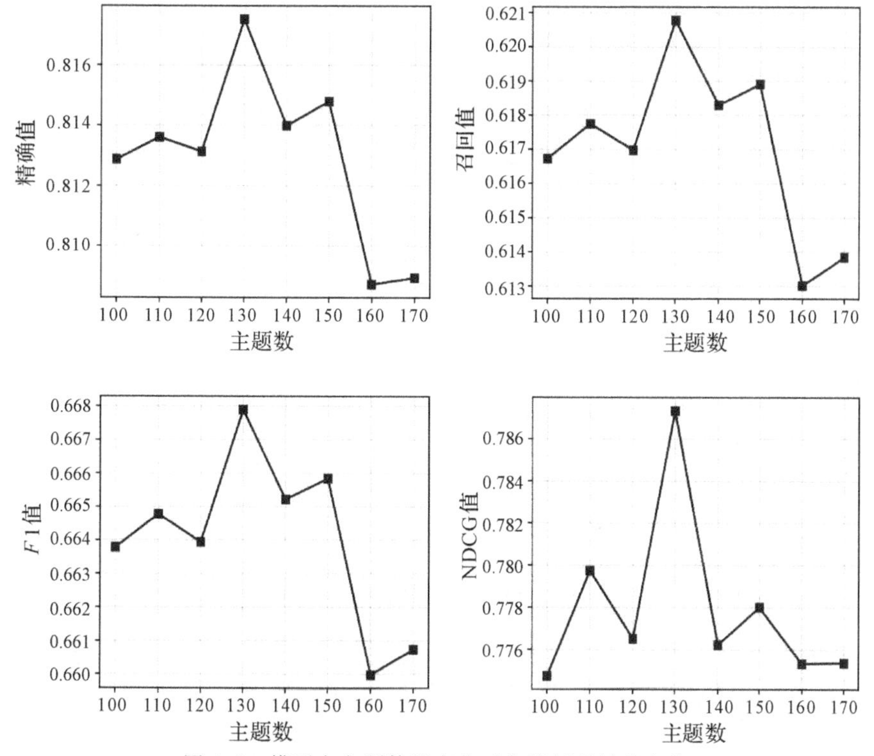

图 6.7　模型在主题数目变化时各指标的性能变化

数目变化时各指标的性能变化。实验结果表明，当神经主题模型的主题数目选择为130时，模型整体上取得了最好的结果，因此，在该数据集上，选择130作为神经主题模型的主题数目。图6.8是精确值、召回值、$F1$值、NDCG值四个指标的对比，在返回k(5～30)个最相似的服务时，AENTM模型在这四个指标上优于对比方法。

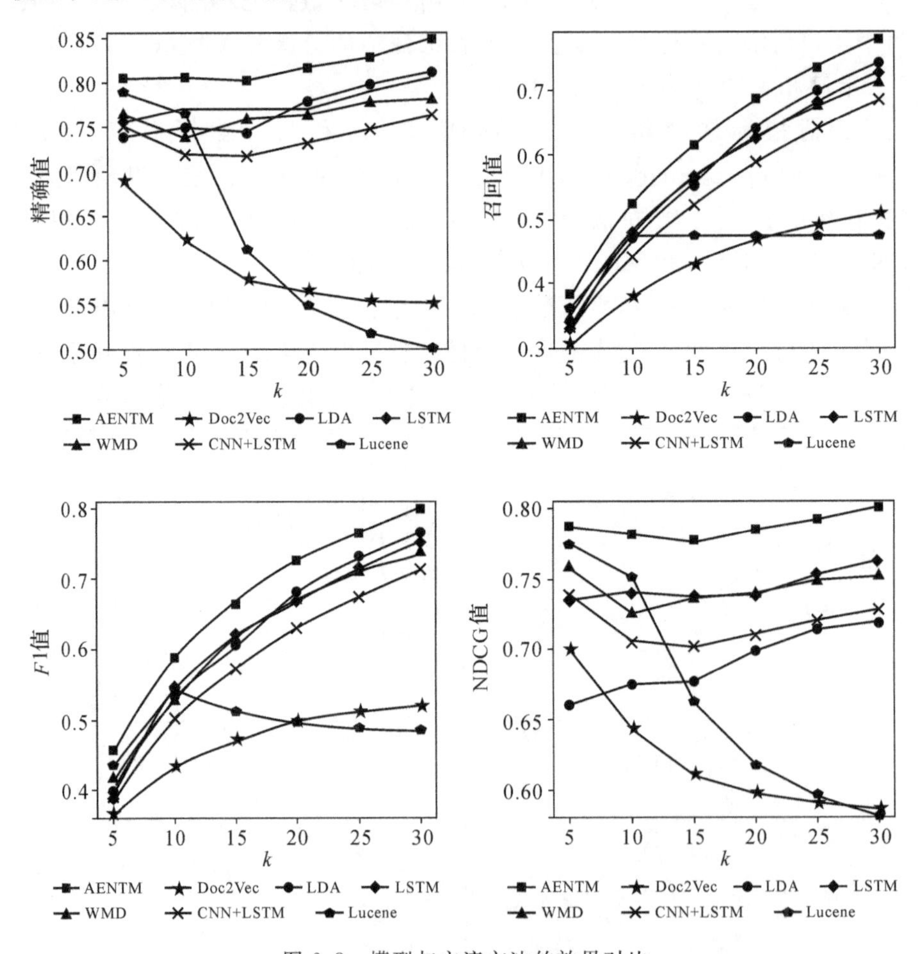

图6.8 模型与主流方法的效果对比

在服务匹配过程中，模型对于用户请求的响应过程花费的时间也是重要的指标之一。表6.1是与几种主流模型在响应时间上的对比，AENTM模型在响应时间未明显增加的情况下，指标效果优于其他几种对比的主流方法。

表 6.1　平均响应时间对比

方法	响应时间 /ms
Lucene	2.29
LSTM	14.25
CNN+LSTM	23.36
AENTM	41.60
Doc2Vec	169.27
LDA	428.74
WMD	4259.66

为了评估对文本描述进行语义增强的效果，将通过神经主体模型生成的描述(110 维向量)的主题分布归约为二维向量，由于数据集的服务原本属于 9 个领域，故同样将其聚类为 9 个类簇，语义增强前后的对比结果如图 6.9所示。此外，聚类质量通常由 CH 分数进行衡量，在对文本描述进行语义增强后，CH 分数从 2638 增加到 3180。通过 CH 评分和可视化聚类结果对比表明，在对服务描述进行语义增强后，神经主体模型生成的主题分布的区分度和内聚性都变得更强。这也进一步表明，丰富服务描述可以在一定程度上增强服务描述的语义信息。

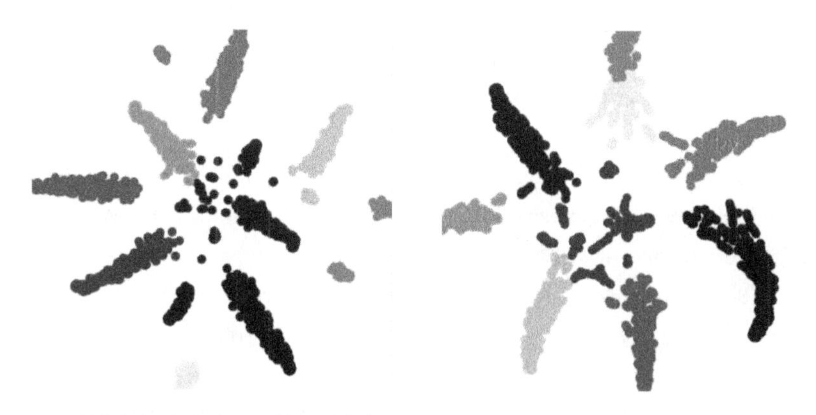

(a) 外部知识丰富前生成的主题分布　　(b) 经过丰富后生成的主题分布

图 6.9　对描述文本进行语义增强前后的聚类结果对比

6.4 本章小结

在面向服务的软件开发中，如何发现和重用已有的服务资源，并利用服务组合来适配用户需求已成为迫切的需要。本章通过结合 RGPS 需求元模型框架和“回型”服务关系模型，构建了面向服务适配的服务需求元模型，从服务价值、服务目标、服务流程、服务能力等多个不同视角出发对用户服务需求进行刻画，促进软件服务系统的需求分析和服务需供双方的适配。

本章针对当前 Web 服务描述中存在的语义稀疏问题，采用基于外部知识进行文本丰富的思路，将服务文本描述中核心单词在维基百科上的词条作为外部知识引入服务描述，以缓解数据集中存在的数据稀疏性问题。同时，在模型中使用神经主题模型进行主题提取，并使用基于注意力机制的双向 LSTM 作为服务描述的编码器来获得更准确的向量表示。在公开数据集上开展的实验表明，该方法能够较准确地根据用户需求进行服务匹配。

参考文献

[1] Dardenne A, van Lamsweerde A, Fickas S. Goal-directed requirements acquisition[J]. Science of Computer Programming, 1993, 20(1-2): 3-50.

[2] Yue K. What does it mean to say that a specification is complete? [C]//Proceeding of the Fourth International Workshop on Software Specification and Design. 1987: 506-517.

[3] Darimont R, Delor E, Massonet P, et al. GRAIL/KAOS: An environment for goal-driven requirements engineering[C]//Proceedings of the 19th International Conference on Software Engineering. 1997: 612-613.

[4] Yu E S K. Towards modelling and reasoning support for early-phase requirements engineering[C]//Proceedings of ISRE′97: 3rd IEEE International Symposium on Requirements Engineering. IEEE, 1997: 226-235.

[5] Castro J, Kolp M, Mylopoulos J. Towards requirements-driven information systems engineering: The Tropos project[J]. Information Systems, 2002, 27(6): 365-389.

[6] Chung L, Nixon B A, Yu E, et al. Non-functional requirements in software engineering [M]. London, UK: Springer Science & Business Media, 2012.

[7] Morales J M, Navarro E, Sánchez P, et al. A controlled experiment to evaluate the understandability of KAOS and i* for modeling Teleo-reactive systems[J]. Journal of

Systems and Software, 2015, 100: 1-14.

[8] Ahmad M, Bruel J M, Laleau R, et al. Using RELAX, SysML and KAOS for ambient systems requirements modeling[J]. Procedia Computer Science, 2012, 10: 474-481.

[9] Jacobson I. Object-oriented software engineering: A use case driven approach[M]. Delhi, India: Pearson Education India, 1993.

[10] Lee J, Xue N L. Analyzing user requirements by use cases: A goal-driven approach [J]. IEEE Software, 1999, 16(4): 92-101.

[11] Somé S S. Supporting use case based requirements engineering[J]. Information and Software Technology, 2006, 48(1): 43-58.

[12] El-Attar M, Miller J. AGADUC: Towards a more precise presentation of functional requirement in use case mod [C]//4th International Conference on Software Engineering Research, Management and Applications (SERA' 06). IEEE, 2006: 346-353.

[13] Jureta I, Faulkner S. An agent-oriented meta-model for enterprise modelling[C]// International Conference on Conceptual Modeling. Springer, Berlin, Heidelberg, 2005: 151-161.

[14] Chastek G, Donohoe P, Kang K C, et al. Product line analysis: A practical introduction[R]. Carnegie-Mellon Univevsity Pittsburgh Pa Software Engineering Inst, 2001.

[15] Falbo R D A, Guizzardi G, Duarte K C. An ontological approach to domain engineering [C]//Proceedings of the 14th International Conference on Software Engineering and Knowledge Engineering(SEKE). 2002: 351-358.

[16] 金芝，陆汝钤. 多范例自动需求建模和分析：一种基于本体的方法[J]. 中国科学(E辑)，2003，33(4)：297-312.

[17] 何克清，彭蓉，刘玮，等. 网络式软件[M]. 北京：科学出版社，2008.

[18] 吴朝晖. 现代服务业与服务计算：新模型新定义新框架[J]. 中国计算机学会通讯，2016，12(4)：57-62.

[19] Paolucci M, Kawamura T, Payne T R, et al. Semantic matching of Web services capabilities [C]//International Semantic Web Conference. Springer, Berlin, Heidelberg, 2002: 333-347.

[20] Skoutas D, Simitsis A, Sellis T. A ranking mechanism for semantic Web service discovery[C]//2007 IEEE Congress on Services. IEEE, 2007: 41-48.

[21] Bellur U, Kulkarni R. Improved matchmaking algorithm for semantic web services based on bipartite graph matching [C]//IEEE International Conference on Web Services. IEEE, 2007: 86-93.

[22] Klusch M, Fries B, Sycara K. Automated semantic web service discovery with OWLS-

MX[C]//Proceedings of the 5th International Joint Conference on Autonomous Agents and Multiagent Systems(AAMAS). 2006: 915-922.

[23] Kaufer F, Klusch M. Wsmo-mx: A logic programming based hybrid service matchmaker[C]//2006 European Conference on Web Services. IEEE, 2006: 161-170.

[24] Elgazzar K, Hassan A E, Martin P. Clustering wsdl documents to bootstrap the discovery of Web services[C]//2010 IEEE International Conference on Web Services. IEEE, 2010: 147-154.

[25] Liu W, Wong W. Web service clustering using text mining techniques[J]. International Journal of Agent-Oriented Software Engineering, 2009, 3(1): 6-26.

[26] Chen L, Wang Y, Yu Q, et al. WT-LDA: User tagging augmented LDA for Web service clustering [C]//International Conference on Service-Oriented Computing (ICSOC). Springer, Berlin, Heidelberg, 2013: 162-176.

[27] Aznag M, Quafafou M, Jarir Z. Leveraging formal concept analysis with topic correlation for service clustering and discovery [C]//2014 IEEE International Conference on Web Services. IEEE(ICWS), 2014: 153-160.

[28] Zhang N, Wang J, He K, et al. An approach of service discovery based on service goal clustering[C]//2016 IEEE International Conference on Services Computing. IEEE, 2016: 114-121.

[29] Tian G, Wang J, Zhao Z, et al. Gaussian LDA and word embedding for semantic sparse web service discovery [C]//International Conference on Collaborative Computing: Networking, Applications and Worksharing. Springer, Cham, 2016: 48-59.

[30] Xiong R, Wang J, Zhang N, et al. Deep hybrid collaborative filtering for Web service recommendation[J]. Expert Systems with Applications, 2018, 110: 191-205.

[31] Cao Y, Liu J, Cao B, et al. Web services classification with topical attention based Bi-LSTM [C]//International Conference on Collaborative Computing: Networking, Applications and Worksharing. Springer, Cham, 2019: 394-407.

[32] Shi M, Liu J. Functional and contextual attention-based LSTM for service recommendation in Mashup creation[J]. IEEE Transactions on Parallel and Distributed Systems, 2018, 30(5): 1077-1090.

[33] Yang Y, Ke W, Wang W, et al. Deep learning for web services classification[C]//2019 IEEE International Conference on Web Services. IEEE, 2019: 440-442.

第7章 面向持续交付的微服务适配架构

7.1 概 述

微服务体系架构(micro-services architecture,MSA)是一种云原生的架构风格,其基本思想来自面向服务的架构。通常,微服务由一组细粒度的服务构成,这些细粒度的服务可以通过多种技术栈在不同的平台上实现(如开发、测试和部署)[1]。MSA的每个服务都在自己的进程上运行,并通过描述性状态转移或远程过程调用(remote procedure call,RPC)的应用程序编程接口相互通信[2]。

MSA具有可用性、灵活性、可扩展性、松耦合和高速率等优点,在业界广受欢迎[3]。国际数据公司称,2021年底,80%的云应用程序基于MSA开发[1]。DevOps是一种面向持续交付的软件开发过程,非常适合基于MSA的系统开发,2021年,全球DevOps市场增长到了56亿美元[4]。另一份产业趋势报告显示,组织可能出于不同的目的采用MSA[5],如获得敏捷性(82%)、提高组织绩效(57%)和获得可扩展性(78%)。该报告还指出,47%的组织实施MSA的动机是实现持续交付[5]。

持续交付是一组开发实践,它通过促进开发人员、测试人员和运营人员之间的协作,快速可靠地开发、测试和部署软件系统[5]。DevOps实践的目标是“减少系统变更和将变更部署到生产环境之间的时间”[2]。许多从业者和研究者都认为MSA是与持续交付过程(如DevOps)最紧密结合的技术之一[7-8]。DevOps通过使用工具链和快速反馈机制为基于MSA的系统开发带来更高的生产率[9]。

为了系统理解如何在持续交付中使用 MSA 及其适配，我们收集了面向持续交付的 MSA 的实证文献，并进行了系统映射研究（systematic mapping study，SMS）。这项系统映射研究针对研究主题、问题、解决方案、挑战、描述方法、设计模式、质量属性、支撑工具和应用领域，对面向持续交付的 MSA 的研究文献进行识别、分析和分类。本章的主要贡献包括面向 DevOps 的 MSA 相关研究主题的分类，从业者在实现面向 DevOps 的 MSA 时面临问题的分类以及这些问题的解决方案，面向 DevOps 的 MSA 背景下的挑战问题，用于支持面向 DevOps 的 MSA 的工具分类，面向 DevOps 的 MSA 的描述方法、MSA 模式、质量属性、支撑工具和应用领域。

7.2 基于系统映射的微服务适配架构分析

本章的研究目标是基于现有实证研究文献，对面向持续交付的 MSA 及其适配进行系统梳理。更具体地说，本研究旨在识别面向持续交付的 MSA 背景下的问题、解决方案、挑战、描述方法、设计模式、质量属性、支撑工具和应用领域。为此，本章进行系统映射研究来收集、分类和分析面向持续交付的 MSA 的相关实证文献。系统映射研究旨在覆盖一定广度的研究领域。此外，系统映射研究提供了系统和客观的执行过程，以对特定研究领域中可用的证据进行识别和分类[10]。由于研究主题（即面向持续交付的 MSA 及其适配）的范围较广，并且包含了很多的其他主题（如设计、实现、迁移、技术和工具），故需要对该主题进行系统映射研究。同时，我们在系统映射研究的基础上，还使用主题分析方法对数据进行了综合分析[11]。

本系统映射研究遵循文献[10]中提出的指导准则，以及 Kitchenham 等人[12]针对系统文献回顾所提出的执行策略。本系统映射研究由规划映射研究、收集和分析数据、映射和记录结果三个步骤组成。系统映射研究根据本研究的目标确定了五个研究问题（research question，RQ），如表 7.1 所示。

表 7.1　研究问题及其动机

编号	研究问题	动机
RQ1	面向持续交付的 MSA 及其适配的现有研究主题有哪些；如何对这些主题进行分类和映射	该 RQ 的答案将通过对研究主题的分类，为系统分析面向持续交付的 MSA 及其适配的现有研究建立基础；这一分类将提供面向持续交付的 MSA 及其适配的现有研究的分类基础，以及对面向持续交付的 MSA 的最新进展的分析
RQ2	在持续交付中实现 MSA 时，会遇到哪些问题	在持续交付环境中实现 MSA 并非没有阻碍；该 RQ 的答案将识别在持续交付中采用 MSA 时的相关问题，并对其进行分类
RQ3	已经采取了哪些解决方案来解决这些问题	解决方案可以是最佳实践、工具、技术或者框架；该 RQ 的答案将有助于实践者确定解决方案，克服在持续交付环境中实现 MSA 所遇到的问题
RQ4	用什么方法来描述面向持续交付的 MSA	基于 MSA 的应用程序可以通过不同的体系结构描述方法进行描述和建模；MSA 描述方法被用于表示、交流和分析持续交付背景下基于 MSA 的系统的特征；该 RQ 的答案将提供关于 MSA 描述方法（图形、文本或者两者都有）方面的信息
RQ5	持续交付中使用了哪些 MSA 设计模式	业界和学术界已经提出了很多设计模式来解决 MSA 实现的相关问题；该 RQ 的答案将有助于实践者确定用于解决持续交付环境下 MSA 及其适配常见问题的设计模式

7.3　微服务适配架构的问题、描述方法和设计模式

7.3.1　研究主题

根据文献[13]中描述的主题分析指导方法，从选定的文献中提取各类研究主题和子主题，图 7.1 显示了这些研究主题和子主题的分类结果。结果显示，方法和工具是讨论排名前 2 的子主题，分别在 13 项和 12 项研究中进行了讨论。而被讨论最少的子主题是面向持续交付中基于 MSA 系统的监控，该子主题只在 4 个研究中被讨论。值得一提的是，有几项研究被分为多个主题或者子主题。例如，研究 S02 讨论了基于 MSA 系统的质量属性、测试和监控；研究 S07 讨论了面向持续交付的 MSA 的架构设计策略以及工

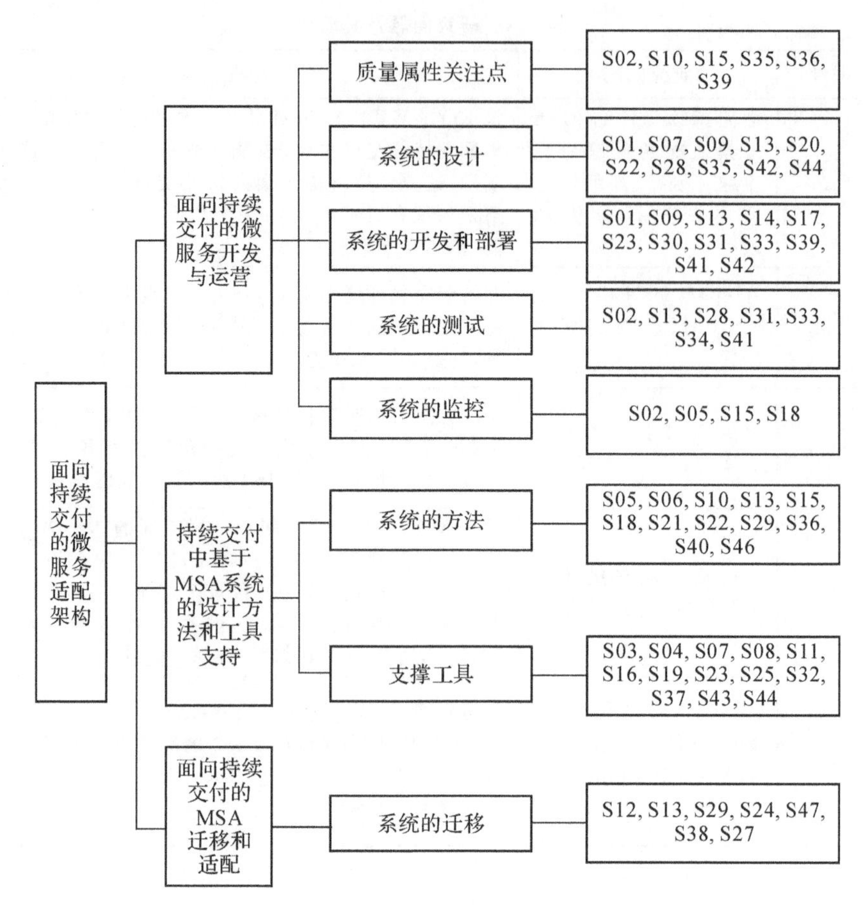

图 7.1 面向持续交付的微服务体系结构及其适配的研究主题分类

具支持。

主题分类基于研究的重点来组织入选的文献，入选的文献被划分为面向持续交付的微服务开发与运营，持续交付中基于 MSA 系统的设计方法和工具支持，以及面向持续交付的 MSA 迁移和适配三个通用主题。

子主题分类提供了基于主题分类的详细视图，并从主题分类中得到了质量属性关注点(6 项研究)，系统的设计(10 项研究)，系统的开发和部署(12 项研究)，系统的测试(7 项研究)，系统的监控(4 项研究)，系统的方法(12 项研究)，支撑工具(13 项研究)，系统的迁移(7 项研究)等 8 个子主题。值得一提的是，一些研究讨论了多个子主题，如研究 S01 和研究 S09 研究讨论了设计、开发和部署等多个子主题。

7.3.2　问题和解决方案

DevOps 中基于 MSA 系统的需求：该类别报告了基于 MSA 的系统的与需求相关的问题和解决方案。为了解决性能开销问题，研究 S08 提出了基于 DevOps 的 CAOPLE 语言集成开发环境（CAOPLE language integrated development environment，CIDE）。该平台提供了微服务部署和测试的精确控制，以解决性能开销问题。研究 S33 提出了虚拟机自动配置方法，以解决性能问题；提出了用虚拟机自动配置方法创建中央域控制代理，以优化基于 MSA 系统的性能。研究 S18 提出了 Unicorn 框架来避免延迟和网络性能问题，而研究 S24 建议架构师不应将微服务分解得太过详细。研究 S16 描述了一种基于 DevOps 的方法，名为 Neo-Metropolis，该方法通过开源解决方案（如 Terrafor、Ansible、Mesos 和 Hadoop）解决基于 MSA 的、跨不同云平台的系统的可扩展性和可伸缩性。研究 S18 主张使用容器来解决可扩展性问题，因为容器提供了一种简单的方式进行扩展操作，即通过创建服务的多个副本进行扩展操作。研究 S41 则指出围绕业务功能开发微服务可以解决可扩展性问题。

DevOps 中基于 MSA 的系统的设计：该类别报告了 DevOps 中基于 MSA 的系统的与设计相关的问题和解决方案（见图 7.2），其可以进一步细分为应用分解（S28，S33，S35，S37）、安全和隐私（S10，S18，S20，S36）和不确定性（S01）。研究 S28 推荐领域驱动设计（domain-driven design，DDD）模式来解决应用分解问题。架构师能够应用 DDD 模式，确定有界上下文（系统内的功能），并以此作为定义微服务的起点。类似地，研究 S33 建议使用模型-视图-控制器（model-view-controller，MVC）模式从业务范围、功能和职责三个方面将应用程序分解为微服务。研究 S10 提出了基于 DevOps 的 ARCDIA 框架来解决安全性问题；该框架通过提供多供应商安全解决方案（如 FWaaS 和 OAuth 2），在整个微服务开发周期中实现了安全性和隐私性。研究 S18 提出了基于 DevOps 的 Unicorn 框架，该框架提供了满足基于 MSA 系统安全需求的策略和约束。而研究 S36 则建议将标准密码原语（如用于身份验证加密的消息验证码功能）进行组合，从而为微服务通信和 DevOps 团队灵活的身份验证提供高水平的安全性能。为解决云原生架构中的不确定性问题，研究 S01 提出了运行时模式下的基于理论的控制模型，运行时模式下的模型通过控制回路动态解决了不确定性方面的问题（如资

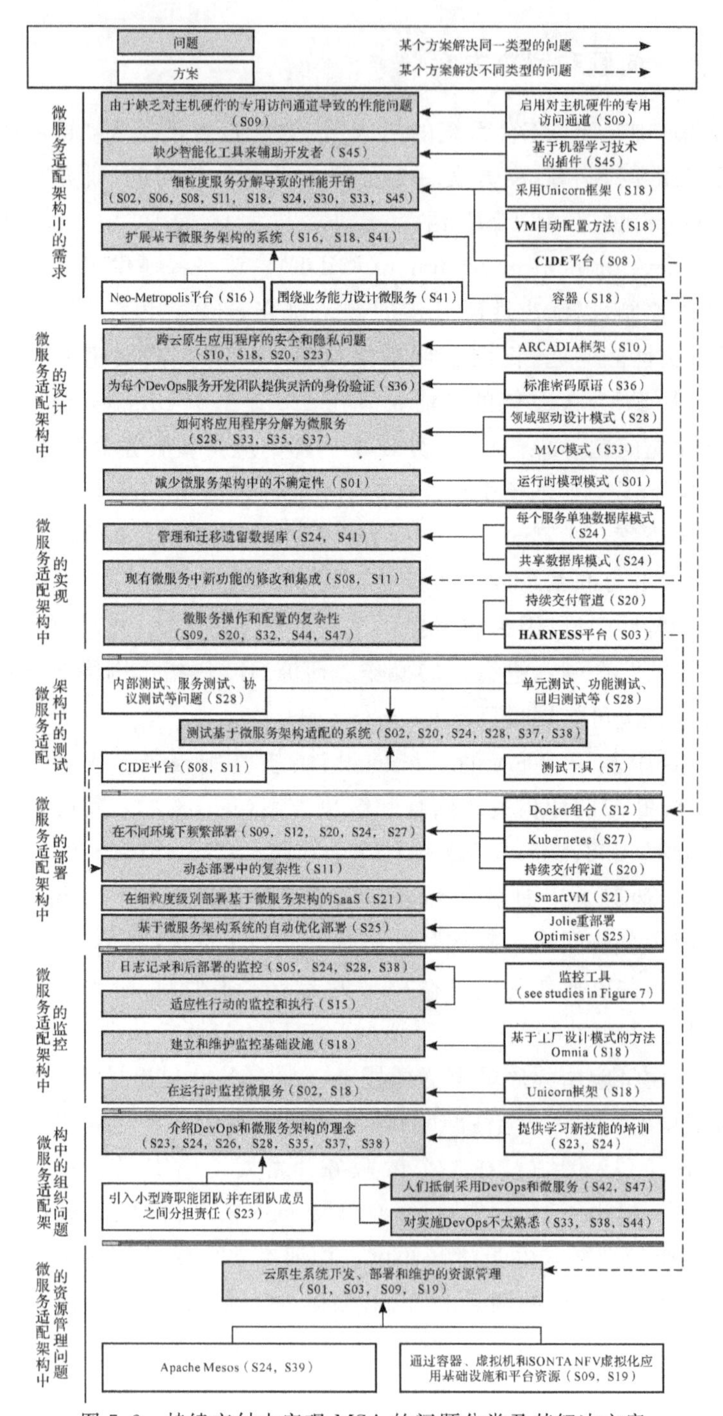

图 7.2 持续交付中实现 MSA 的问题分类及其解决方案

源的可用性)。

DevOps中基于MSA的系统的实现:这一类已确定的问题和解决方案属于微服务集成和管理微服务数据库。为了解决操作和配置复杂性问题,研究S20建议使用持续交付(continuous delivery,CD)平台,该平台为每个服务提供了CD管道,从而可以控制微服务的集成。为了解决由大量微服务的存在引起的复杂性问题,研究S24给出了两条建议准则:①为了方便集成,保持每个微服务的接口尽可能简单;②在实现微服务时,为了避免集成问题,建议使用不需要特定编程语言的技术。此外,研究S03提出了一个平台来促进在不同地理位置上(如外包)开发的微服务的集成。除了这些准则,研究S08还提出CIDE平台,该平台提供对测试、部署和将新功能集成到现有系统的精确控制。为了解决基于MSA的系统的数据管理问题,研究S24讨论了每个服务独立的数据库和用于多微服务模式的共享数据库的使用。每个服务独立的数据库模式可以通过为每个功能定义一组单独的表、为每个服务制订方案并为每个服务定义数据库服务器来实现,而共享数据库模式可以通过为一组微服务定义一个单独的数据库来实现。通常,根据业务上下文对微服务进行分组,从而使用共享数据库。

DevOps中基于MSA的系统的测试:服务、内部通信进程、依赖、实例和其他变量的数量会影响DevOps中基于MSA的系统的测试过程。我们确定了六项研究,这些研究强调在DevOps中基于MSA的系统中进行的过多测试。研究S28认为所有传统的测试策略(如单元测试、功能测试和回归测试等)都可以用于测试基于MSA的系统。此外,研究S28还推荐内部测试、服务测试、协议测试、组合测试、可扩展性/吞吐量测试、故障转移/容错测试和渗透测试策略。除了上述测试策略外,研究S08和研究S11提出了可用于测试DevOps中基于MSA的系统的CIDE平台。

DevOps中基于MSA的系统的部署:已有很多解决方案可解决DevOps中基于MSA的系统的部署问题(如复杂性、动态部署和在开发、生产和测试环境中的部署)。例如,研究S12推荐了一种多用途Docker组合工具,该工具可以在不同的环境中工作,如规划、开发、部署和测试环境,并使开发环境中微服务的部署过程更加顺畅。研究S27建议Kubernetes与一系列容器工具(如Docker)一起使用,以将微服务部署和扩展到生产环境中。研究S20建议,必须通过一个CD管道来自动执行微服务的频繁部署,从而在适当时间内完成部署工作。为了解决更多微服务在动态部署时的复杂性问题,研究 S08 和研究 S11 提出了 CIDE 平台,该平台可通过通信引擎(communication engine,CE)和本地执行引擎(local execution engine,LEE)对动态部署进行精确控制。为了解决基于 MSA 的软件即服务(Software as a Service,SaaS)的部署问题,研究 S21 提出了 SmartVM 框架来自动化基于 MSA 的 SaaS 的部署。研究 S21 还提供了实现负载均衡以及分离功能和操作关注点的策略。研究 S25 使用了 Jolie 再部署优化器(Jolie redeployment optimiser,JRO)来实现基于 MSA 的系统的最佳部署。JRO 由 Zephyrus、Jolie 企业(Jolie enterprise,JE)和 Jolie 再配置协调者(Jolie reconfiguration coordinator,JRE)三部分组成。其中,Zephyrus 为基于 MSA 的系统提供详细且最佳的架构,JE 为部署和管理微服务提供框架,JRE 与 Zephyrus 和 JE 进行交互以优化部署。

DevOps 中基于 MSA 的系统的监控:研究 S05 提出了一种基于工厂设计模式的名为 Omnia 的方法,用于解决监控基础设施问题。这个方法提供了名为监控接口的组件,该组件使开发者能够独立地监控基于 MSA 的系统,并通过监控工厂组件帮助系统管理员构建与监控接口兼容的监控系统。为了解决在共享执行环境下运行时监控细粒度的微服务的问题,研究 S18 提出了基于 DevOps 的 Unicorn 框架,该框架可以在运行时监控高度分解的基于 MSA 的系统。

组织问题:该主题报告了在 MSA 和 DevOps 结合背景下,与文化、人员、成本、组织和团队结构有关的问题。为了解决在给定的组织中结合使用 MSA 和 DevOps 时可能遇到的问题,研究 S23 给出了一些建议准则,如采用新的组织结构、引入小型的跨职能团队、训练学习新的技能、改变员工习惯以适应团队工作和分享职责、为团队提供单独的物理场所等。研究 S24 建议整体式组织结构需要与基于 MSA 的系统的体系结构保持一致。同样,为解决与建立技术熟练且受过良好教育的 DevOps 团队相关的问题,研究 S24 建议组织为其员工安排培训计划,以便学习和适应在 DevOps 中使用微服务。

资源管理问题:这一类别为在 DevOps 中实现 MSA 所需的不同类型的资源提供了问题和解决方案。研究 S01 建议对应用程序、基础设施和平台资源进行虚拟化,以解决资源管理问题。研究 S09 建议将容器和虚拟机用于面向 DevOps 的微服务,以达到所需的资源利用效率。研究 S03 提出了 HARNESS 方法(即一种基于 DevOps 的方法),该方法提供了一个基于云的平台，使商品和特定资源（如技术人员）汇集在一起。研究S19引入了面向DevOps的基于MSA的SONATA NFV平台，该平台通过提供一系列工具（如GitHub、Jenkins和Docker）来解决资源管理问题。SONATA NFV平台还可以创建CI/CD管道以自动化软件交付过程中的步骤。研究S09认为，可以通过为微服务赋予额外特权或者通过增强容器器访问主机资源的能力来增加对主机硬件的专用访问。

7.3.3　面向持续交付MSA及其适配的描述方法

我们确定了在DevOps中用于表达、交流和分析MSA设计的MSA描述方法来回答在DevOps中使用哪些方法来描述MSA。19种MSA描述方法被分为框线图、统一建模语言（unified modeling language，UML）图、形式化方法、体系结构描述语言（architecture description language，ADL）和其他描述方法五类。

研究结果表明，大多数选择的研究样本使用非形式化的框线图代表高层次设计、功能分解和MSA的流程系统。在框线图类别下，有体系结构框图、功能流程框图、分层体系结构图和流程图四种描述方法。框线图类别下的描述方法用于描述各种系统的MSA。例如，体系结构框图是用来在研究S08和研究S11中描述CIDE的MSA，功能流程框图是用来在研究S05中表示基于DevOps的微服务的监控方法的场景，分层体系结构图是用来说明研究S01中高可用性和灾难恢复（high availability and disaster recovery，HADR）系统的MSA，流程图在研究（S14）中用于物联网的容器化微服务的创建和执行。我们发现，研究中也使用了四种类型的UML图来表示基于MSA的系统的不同方面。例如，活动图在研究S13中用于表示基于MSA的移动应用的迁移和开发过程流程，序列图在研究S03中用于描述基于MSA的HARNESS平台的对象交互，类图在研究S46中用于显示微服务增量集成工具的静态结构，组件图在研究S12中用于反映DevOps中基于MSA系统（即Backtory）的物理结构。

除了非形式化的图（如框线图）和半形式化的图（如UML），我们还发现有四项研究（S01，S29，S33，S45）利用正式方法来表示MSA。例如，模糊逻辑模型（fuzzy logic model，FLM）和MAPE-K循环在研究S01中被用来捕捉基于云的系统（如基于MSA的系统）的动态行为，π-Calculus被用来模拟由VM集群执行的云服务（如微服务），形式化模型体系结构在研究S45

中被用来描述持续开发智能助手(continuous development intelligent assistant,CDIA)的 MSA。此外,我们发现三个研究(S08,S11,S25)中,有五种 ADL 用于描述 CIDE 平台和 JRO 工具中的 MSA,包括面向方面层级式编程语言和环境(caste-centric agent-oriented programming language and environment,CAOPLE)、云应用建模与执行语言(cloud application modeling and execution language,CAMLE)、面向基于代理系统的规范语言(specification language for agent-based systems,SLABS)、服务需求语言(service desiderata language,SDA)和 Jolie。CAOPLE(S08)、CAMLE(S08)和 SLABS(S08)在 CIDE 平台中用于基于模型的微服务的建模、开发和测试,而 SDA(S25)和 Jolie(S25)则便于 JRO 对基于 MSA 的系统进行自动和优化部署。研究 S13 采用实体关系图(entity relation diagram,ERD)对基于 MSA 的移动应用的数据视图进行建模,研究 S33 采用业务流程建模符号(business process modeling notation,BPMN)构思基于 MSA 系统的虚拟机自动配置器体系结构。

7.3.4 面向持续交付 MSA 及其适配的设计模式

为了回答 DevOps 背景下使用了哪些 MSA 设计模式,我们从 19 项研究中确定了 38 种 MSA 设计模式。我们发现有少数研究讨论了 MSA 设计模式。在 DevOps 中实施 MSA 时,最常出现的设计模式是 Circuit Breaker 模式(5 项研究)、Migration 模式(4 项研究),其次是 Observer 模式(2 项研究)、Load Balancer 模式(2 项研究)、Scalability 模式(2 项研究)和 Deployment 模式(2 项研究)。值得注意的是,30 种 MSA 设计模式仅在两项研究(S12 和 S33)中被提及。研究 S12 和研究 S33 中,报告了用于服务发现的四种不同的 MSA 设计模式,即客户端发现、服务器端发现、服务注册表、自注册和第三方注册。研究 S12 和研究 S33 还表明与应用分解为微服务(如 DDD)、数据管理(如每个服务的数据库)、可靠性(如 Circuit Breaker)和外部 API(如 API 网关)相关的 MSA 设计模式。有一组研究提出了新的模式和基于现有模式的新方法。例如,研究 S01 提出了处理云原生体系结构(如 MSA)中不确定性的模式,即运行时质量模型、基于控制的反馈循环和 HADR 模式,研究 S05 提出了基于 Factory 模式的 MSA 系统监控方法。

7.4 本章小结

本章提供了持续交付中MSA的研究现状，涉及研究主题、挑战、解决方案、MSA描述方法、质量属性、支撑工具和应用领域。经过全面的文献检索和筛选，选取了47项研究进行数据抽取和分析。本系统映射研究的主要研究结果可以归纳为以下几点。

(1)关于MSA与持续交付结合的研究可分为DevOps中的微服务开发和运营、DevOps中基于MSA系统的方法和工具支持以及DevOps中的MSA迁移与适配三大主题。

(2)确定了24个关于在DevOps中实施MSA的问题及其解决方案。这些问题和解决方案被分为八大类(见图7.2)。

(3)关于MSA的描述方法，大部分研究是采用简单框线图、UML图和形式化方法描述MSA的设计。此外，也有三种体系结构描述语言ADL(包括CAOPLE、SDA和Jolie)被用来描述DevOps下的MSA设计。

(4)发现入选的研究记录了38种MSA设计和适配模式，但其中许多模式并没有被广泛应用。研究报告中最常见的MSA模式是Circuit Breaker模式(5/38)和Migration模式(4/38)。

该系统映射研究的发现将为研究者提供面向持续交付的MSA及其适配的研究现状，以进一步填补该领域未解决的问题。此外，本系统映射研究的结果还有助于实践者了解在持续交付中实施MSA的问题、解决方案、MSA描述方法和MSA设计模式的知识。该领域的实践者和研究者需要提供更多特定的解决方案，来解决持续交付中基于MSA系统的监控、安全、适配以及性能下降的问题。

参考文献

[1] Larrucea X, Santamaria I, Colomo-Palacios R, et al. Microservices[J]. IEEE Software, 2018, 35(3):96-100.

[2] Balalaie A, Heydarnoori A, Jamshidi P. Microservices architecture enables devops: Migration to a cloud-native architecture[J]. IEEE Software, 2016, 33(3):42-52.

[3] Hasselbring W, Steinacker G. Microservice architectures for scalability, agility and

reliability in e-commerce[C]//Proceedings of the 2017 IEEE International Conference on Software Architecture Workshops (ICSAW). IEEE, 2017:243-246.

[4] Elliot S, Grieser T, Ballou M, et al. Worldwide DevOps software forecast, 2017-2021: First Look[EB/OL]. (2018-11-02)[2022-04-26]. https://www. marketresearch. com/IDC-v2477/Worldwide-DevOps-Software-Forecast—10730157.

[5] Yousif M. Microservices[J]. IEEE Cloud Computing, 2016, 3(5):4-5.

[6] LightStep. Global microservices trends report report[EB/OL]. (2018-11-05)[2022-04-26]. https://go. lightstep. com/global-microservices-trends-report-2018. html.

[7] Gauna F. Thinking about microservices? You need DevOps first[EB/OL]. (2018-12-12)[2022-04-26]. https://www. nebbiatech. com/2017/05/15/thinking-microservices-need-devops-first.

[8] Humble J, Farley D. Continuous Delivery: Reliable Software Releases Through Build, Test, and Deployment Automation[M]. London, UK: Pearson Education, 2010.

[9] Stahl D, Martensson T, Bosch J. Continuous practices and DevOps: Beyond the buzz, what does it all mean? [C]//Proceedings of the 43rd Euromicro Conference on Software Engineering and Advanced Applications (SEAA). IEEE, 2017:440-448.

[10] Petersen K, Feldt R, Mujtaba S, et al. Systematic mapping studies in software engineering[C]//Proceedings of the 12th International Conference on Evaluation and Assessment in Software Engineering (EASE). IEEE, 2008:68-77.

[11] Boyatzis R E. Transforming qualitative information: Thematic analysis and code development[M]. New York, USA: Sage, 1998.

[12] Kitchenham B A, Charters S. Guidelines for performing systematic literature reviews in software engineering[R]. EBSE Technical Report EBSE-2007-01, Keel University and Durham University, 2007.

[13] Braun V, Clarke V. Using thematic analysis in psychology[J]. Qualitative Research in Psychology, 2006, 3(2):77-101.

第 8 章　移动边缘计算环境下的服务适配

8.1　面向动态负载的服务适配

为了解决用户的服务需求多元动态与服务平台承载能力有限之间的矛盾，服务内容难以匹配用户需求的问题，需要基于服务特征、网络状态、用户偏好等多源感知数据的群智融合计算，预测服务内容需求态势，并根据服务内容需求态势动态地放置服务内容，以提高服内容适配的准确性与时效性。在移动边缘计算环境下，该问题显得尤为突出。

移动边缘计算通过在靠近用户的边缘端提供计算能力来降低网络时延和核心网压力[1-4]。移动边缘计算通常将小型计算集群与接入节点直连[5-8]。进行服务实例适配前，先将边缘地区划分为多个区域，每个区域中的用户产生的服务请求数的总和即为该区域对应的总服务请求数。受成本限制，并非所有基站都搭建有边缘云，对于没有边缘云的区域，该区域产生的服务请求将交付给其他基站的边缘云或者远端云处理。对于存在边缘云的区域，由于边缘云的计算能力和存储容量有限，只允许适配一定数量的服务实例，故无法适配在边缘云的服务，其服务请求将被分配到远端云处理[9-11]。因此，对于每一个基站，如何根据区域上的服务需求数量、边缘网络拓扑来决定每个边缘需要适配的服务实例，并且基于请求的动态变化，动态调整适配的服务实例，使得平均服务时延最低，是需要解决的关键问题之一。

8.1.1 问题描述与建模

(1)适配策略模型

假设需要提供的服务种类数为 K,每种服务的适配都需要相应的存储空间,在边缘云上适配的服务数量受该边缘云的容量限制,即适配的服务是有限的,如公式(8-1)所示:

$$\sum_{k} a_{n,k}^{t} c_{k} \leqslant C_{n}, \forall t, \forall n \tag{8-1}$$

每个基站(base statian,BS)对应于每个服务的适配,若有适配,则用二进制变量 1 表示,若无适配,则用二进制变量 0 表示,其中 $a_{n,k}^{t}$ 表示时隙 t 下服务 k 是否适配在第 n 个对应的边缘云上,若有适配,则用二进制变量 1 表示,若无适配,则用二进制变量 0 表示。用 k 个该变量组成的向量表示时隙 t 下该 BS 的适配策略。用 $d_{m,k}^{t}$ 表示时隙 t 下在区域 m 内服务 k 的请求数目。在适配了一系列服务后,该 BS 将会决定在本地边缘服务器上处理的任务数量,剩下的任务则会交付给远程云处理。因此,用 b_{n}^{t} 表示任务在本地被处理的比例,即任务卸载比例。每一个 BS 都对应着一个任务卸载比例,它不分服务种类,表示的是这片区域总的任务被处理的比例,取值是 0～1 的小数。

(2) 任务分配模型

在此引入 BS 的需求强度的概念。用 $\lambda_{n,k}^{t}$ 表示时隙 t 下该 BS 对于服务 k 的需求强度,可认为其是排队论中任务到达该 BS 的速度。这就要求 BS 的处理速度必须大于 BS 任务到达的速度。具体计算如公式(8-2)所示:

$$\lambda_{n,k}^{t} = a_{n,k}^{t} \sum_{m=1}^{M} 1\{n \in B_{m}\} \frac{d_{k,m}^{t}}{|N_{m,k}^{t}|} \tag{8-2}$$

式中,M 代表的是整个地区划分为区域的数量,$d_{k,m}^{t}$ 代表的是 m 区域中在时隙 t 对于服务 k 的需求量,$N_{m,k}^{t}$ 则代表在区域 m 中时隙 t 下适配有服务 k 的 BS 数量。它们相除的意义为该区域上对于服务 k 的需求是被均匀分配给该区域上所有的 BS 的。前面的大括号代表该 BS 所属的区域,若属于区域 m 则为 1,若不属于区域 m 则为 0。意义在于确定该 BS 所属的地区,以把该地区的需求对应到该 BS 上。

同理,在 BS 处理上引入需求强度的概念,即在时隙 t 下,该 BS 对于服务 k 的任务到达速度和任务卸载比例的乘积可以认为,对于每一个服务,BS 的任务卸载比例都相同,如公式(8-3)所示。引入总需求强度的概念,即

所有服务 k 的需求强度之和。BS 上处理的需求强度总和如公式(8-4)所示：

$$\widetilde{\lambda}_{n,k}^{t}=b_{n}^{t}\lambda_{n,k}^{t} \tag{8-3}$$

$$\widetilde{\lambda}_{n}^{t}=\sum_{k}\widetilde{\lambda}_{n,k}^{t} \tag{8-4}$$

(3) 计算能耗代价模型

每一个 BS 动态地调整着它的 CPU 速度。为了简化研究，假定 BS 以它的最大 CPU 速率处理任务，空闲时以它的最小 CPU 速度运转。因此构建的平均能耗公式如公式(8-5)所示：

$$E_{n}^{t}(a^{t},b^{t})=s_{n}+r_{n}b_{n}^{t}\sum_{k}\mu_{k}a_{n,k}^{t}\lambda_{n,k}^{t} \tag{8-5}$$

式中，s_n 表示静态功率，与负载无关，只要该 BS 处于打开状态就会消耗。r_n 是该 BS 以最大能耗 f_n 处理任务时的单位消耗。公式右侧第二项去掉 k_n 即为该 BS 处理任务所需的 CPU 周期数。μ_k 指的是被采样的均值。

同时，除了计算能量消耗之外，BS 还会由于与负载无关的操作而引起能量消耗，用 $\widetilde{E}_{n}^{t}$ 表示。$\widetilde{E}_{n}^{t}$ 会随着时间变化，但只能在每个时隙 t 的末尾观察到。

(4) 计算延迟代价模型

为了量化整体网络性能，引入延迟成本的概念，主要用于表明由链路延迟引起的代价。由于可能存在多种类型的服务，因此总服务时间分布是多指数分布中的随机采样。采样平均值为 μ_k 的指数分布的概率为 $\widetilde{\lambda}_{n,k}^{t}/\widetilde{\lambda}_{n}^{t}$。$s$ 代表服务时间的随机变量，其一阶矩和二阶矩如公式(8-6)和(8-7)所示：

$$E[s]=\sum_{k}\frac{\mu_{k}\widetilde{\lambda}_{n,k}^{t}}{\widetilde{\lambda}_{n}^{t}} \tag{8-6}$$

$$E[s^{2}]=\sum_{k}\frac{2\mu_{k}^{2}\widetilde{\lambda}_{n,k}^{t}}{\widetilde{\lambda}_{n}^{t}} \tag{8-7}$$

基于排队论系统的准则，引入预期等待时间，如公式(8-8)所示：

$$T_{n}^{t}(a^{t},b^{t})=\frac{1}{f_{n}}E[s]+\frac{\widetilde{\lambda}_{n}^{t}E[s^{2}]}{2(f_{n}-\widetilde{\lambda}_{n}^{t}E[s])} \tag{8-8}$$

需要说明的是，该公式右侧第二项中的分母一定要大于0。f_n 是任务处理速率，其对每一个 BS 来说都可以认为是一个常量，即 CPU 以最大速度处理任务时的速率，它随着 BS 的不同而不同。$\widetilde{\lambda}_n^t E[s]$ 是任务到达速率，它们相减的意义为，对于每一个 BS，BS 的任务处理速率一定要大于任务到达速率，否则会导致任务堆积，不仅增大链路延迟，还会降低 BS 性能。因此这里也产生了一个约束。

可以认为远程云有充足的计算资源，因此用 h_t 表示任务卸载到远程云的计算延迟，主要是由传输延迟导致的。因此，整个 BS 对于所有任务的计算延迟可以由公式(8-9)表示：

$$D_n^t(a^t, b^t) = \widetilde{\lambda}_n^t T_n^t(a^t, b^t) + (\lambda_n^t - \widetilde{\lambda}_n^t)h^t \tag{8-9}$$

(5)服务适配模型

服务适配主要目标是在时隙 t 下最小化计算延迟的同时使整个计算能耗最低，主要的问题可以被归纳为公式(8-10)～公式(8-14)：

$$\min_{a^t, b^t, \forall t} \lim_{T \to \infty} \frac{1}{T} \sum_{t=1}^{T} \left[\sum_{n=1}^{N} D_n^t\left(a^t, b^t\right) + h^t\left(\sum_{m,k} d_{k,m}^t - \sum_{n=1}^{N} \lambda_n^t \right) \right] \tag{8-10}$$

$$\text{s. t.} \lim_{T \to \infty} \frac{1}{T} \sum_{t=1}^{T} \sum_{n=1}^{N} (E_n^t(a^t, b^t) + \widetilde{E}_n^t) \leqslant Q \tag{8-11}$$

$$\sum_k a_{n,k}^t c_k \leqslant C_n, \forall t, \forall n \tag{8-12}$$

$$E_n^t(a^t, b^t) + \widetilde{E}_n^t \leqslant E_n^{\max} \tag{8-13}$$

$$D_n^t(a^t, b^t) \leqslant D_n^{\max} \tag{8-14}$$

公式(8-10) 为最小化计算延迟。第一个约束条件即公式(8-11)，是 BS 网络的长期能量约束条件，它要求长期平均能源总消耗不超过上限 Q。此约束条件跨越空间和时间；第二个约束条件即公式(8-12)，是容量约束条件，表示每个 BS 上适配的服务的总大小不超过该 BS 的总容量；第三个约束条件即公式(8-13)，第四个约束条件即公式(8-14)，分别是对于每一个 BS 的最大能耗约束和最大延迟约束，在本书中被规定为程序的输入。

该主要问题是一个混合整数非线性规划，即使未来信息是先验的，也很难解决。因此需要提出一种算法，在满足所有约束条件的情况下，以实现计算延迟和计算能耗的最小化。

8.1.2 问题求解

直接求解上述问题的主要挑战是基站的长期能量约束将服务适配和跨不同时隙的决策任务耦合在了一起。为了应对这一挑战，我们利用李雅普诺夫优化技术并构造了一个(虚拟)能源短缺队列,以指导服务适配和泛洪决策任务遵循长期能源约束。具体来说,假设 $q(0)=0$,构造一个能量短缺队列,其动态演化如公式(8-15)所示:

$$q(t+1)=\left[q(t)+\sum_{n}(E_n^t(a^t,b^t)+\widetilde{E}_n^t)-Q\right] \tag{8-15}$$

式中,$q(t)$是时隙 t 中的队列积压,表明当前能量消耗和能量约束的偏差。公式右侧的取正部则代表当能源短缺队列大于 0 时不变,小于 0 时取 0。Q 则指长期平均能源总消耗。

结合前文中提出的概念求解以下问题,具体表达式如公式(8-16)所示:

$$\begin{gathered}\text{存在}\min_{a^t,b^t}(V * \widehat{D}^t(a^t,b^t)+q(t)\cdot\widehat{E}^t(a^t,b^t)),\\ \text{使得满足公式(8-12),公式(8-13),公式(8-14)}\end{gathered} \tag{8-16}$$

式中,$\widehat{D}^t$,$\widehat{E}^t$ 分别代表整个地区总计算延迟和地区总能量消耗,表达式如公式(8-17)和公式(8-18)所示:

$$\widehat{D}^t=\sum_{n=1}^{N}D_n^t(a^t,b^t)+h^t\left(\sum_{m,k}d_{k,m}^t-\sum_{n=1}^{N}\lambda_n^t\right) \tag{8-17}$$

$$\widehat{E}^t=\sum_{n}(E_n^t(a^t,b^t)+\widetilde{E}_n^t) \tag{8-18}$$

公式(8-16)中计算延迟前面的系数 V 用于调节计算延迟和计算能耗,使得它们在总能耗中所占比例近似相等。解决以上问题要同时满足前文中所提到的容量约束,计算延迟约束以及计算能耗约束,还要综合考虑当前时隙服务适配和填充任务期间 BS 的能量短缺。因此,当能量短缺队列 $q(t)$较大时,最小化能量赤字就变得至关重要。该算法遵循"如果违反能量约束条件,则使用较少的能量"原理,并且在不预见未来的情况下维持的能量赤字队列将指导 BS 满足能量约束条件,从而实现在线决策。

算法大概思路如图 8.1 所示,该算法结合了有条件最优化算法以及改进粒子群算法,在设定粒子数以及迭代次数后执行,下文将给出详细介绍。

(1) 面向服务适配的粒子编码

首先根据上文构建出整个地区的适配策略以及任务卸载比例的表达式。假设粒子群定义粒子个数为 nm,在粒子群算法的定义下,一个粒子就相当于一个地区,其中包含适配策略,任务卸载比例以及每个地区总能耗所需要的常量(如每个基站的容量和频率等)。整个地区的基站个数为 n,所提供的服务数为 k。

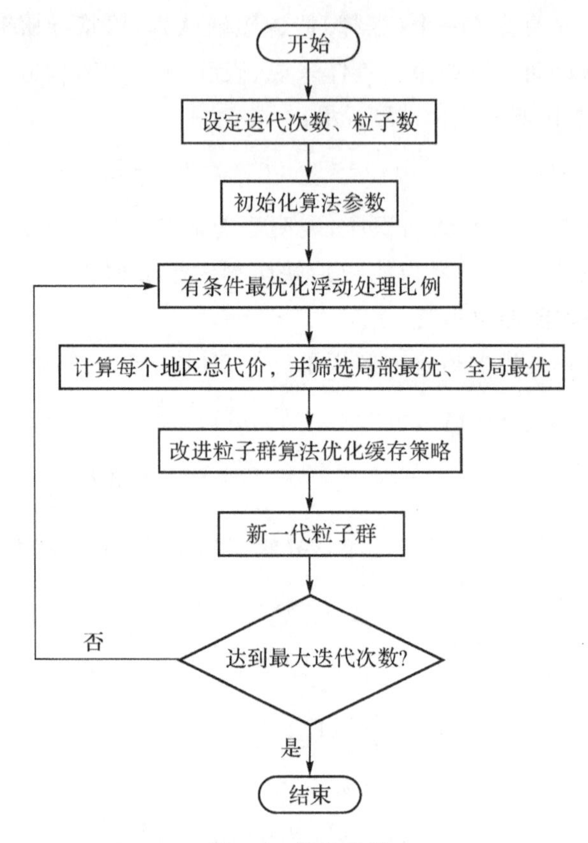

图 8.1 算法流程

构建整个地区的适配策略如公式(8-19)。为了避免歧义，用 $A\boldsymbol{a}_k^t$ 表示时隙 t 下第 k 个粒子的适配策略，用 $\boldsymbol{a}_{i,j}^t$ 表示时隙 t 下该粒子中第 i 号基站对第 j 号服务的适配情况，若为 1，则该基站上适配有此服务，若为 0，则该基站未适配此服务。每个粒子的适配策略都是一个 $n\times k$ 维的矩阵。

$$A\boldsymbol{a}_k^t = \begin{bmatrix} a_{1,1}^t & a_{1,2}^t \cdots & a_{1,k}^t \\ \vdots & \ddots & \vdots \\ a_{n,1}^t & \cdots & a_{n,k}^t \end{bmatrix}, k = 1,2,\cdots,nm \tag{8-19}$$

每个粒子的任务卸载比例如公式(8-20)所示。同适配策略一样，为了避免歧义，用 $B\boldsymbol{b}_k^t$ 表示时隙 t 下第 k 个粒子的任务卸载比例，$\boldsymbol{b}_i^t$ 表示时隙 t 下该粒子上的第 i 个服务器对应的任务卸载比例，取值为 0～1。

$$B\boldsymbol{b}_k^t = (b_1^t, b_2^t, \cdots, b_n^t), k = 1,2,\cdots,nm \tag{8-20}$$

为了适配适配策略的格式，这里对速度 $\mathbf{V}$ 作出修改，如公式(8-21)。速

度 $\mathbf{V}$ 的格式与适配策略 $A\boldsymbol{a}$ 的格式一致，其目的是指导地区中每一个基站对应的服务的变化。矩阵中每个元素的取值仍为二维变量 0 和 1。

$$\mathbf{V}_k^t = \begin{bmatrix} v_{1,1}^t & v_{1,2}^t \cdots & v_{1,k}^t \\ \vdots & \ddots & \vdots \\ v_{n,1}^t & \cdots & v_{n,k}^t \end{bmatrix}, k = 1,2,\cdots,nm \tag{8-21}$$

接下来介绍全局最优变量和局部最优变量，它们存储在一个结构体中，均由整个地区的适配策略以及任务卸载比例组成。

局部最优如公式(8-22)所示。需要说明的是，粒子群算法是基于迭代的，因此设迭代最大次数为 max，当前迭代次数为 ite，局部最优的意义为在当前迭代下，在所有粒子中寻找使得地区总代价最小所对应的某个粒子的任务卸载比例和适配策略。

$$\begin{cases} a_{\text{lbesti}}(t) = A\boldsymbol{a}_k^t, b_{\text{lbesti}}(t) = B\boldsymbol{b}_k^t, \\ \text{argmin}(V * \widehat{D}^t(Aa_k^t, Bb_k^t) + q(t) * \widehat{E}^t(Aa_k^t, Bb_k^t)) \\ k = 1,2,\cdots,nm, i = ite \end{cases} \tag{8-22}$$

全局最优表达式如公式(8-23)所示，可以认为是在当前迭代次数之前每次迭代的局部最优中进行筛选，选出一个地区总代价最低的适配策略和任务卸载比例。

$$\begin{cases} a_{\text{gbesti}}(t) = a_{\text{lbesti}}(t), b_{\text{gbest}}(t) = b_{\text{lbesti}}(t), \\ \text{argmin}(V * \widehat{D}^t[a_{\text{lbesti}}(t), b_{\text{lbesti}}(t)] + q(t) * \widehat{E}^t[a_{\text{lbesti}}(t), b_{\text{lbesti}}(t)] \\ i = 1,2,\cdots,ite \end{cases} \tag{8-23}$$

(2)参数初始化

为了解决前文中的问题，即求出时隙 t 下整个地区内所有的 BS 最优适配策略以及任务卸载比例，使用两个优化算法分别求解。需要说明的是，本设计中常量的数值均在参考论文的范围内，并基于随机函数随机选取。

对于所有 BS 的适配策略，$A\boldsymbol{a}$ 中每一行代表的是序号数为改行数的 BS 的适配策略。具体来说，令所有的 BS 对于每一个服务的适配策略初始值全为 0，即这个 $n \times k$ 的矩阵全为 0，然后对于每一行(即每一个服务器)基于随机函数随机产生适配策略。由于受容量约束，每产生一个适配策略时就要判定加上该适配策略时是否超出了该 BS 的容量约束，若未超出则继续分配，若超出则停止分配，可认为该 BS 的适配策略已经饱和，如公式(8-24)

所示：

$$\sum_{k} a_{n,k}^{t} c_{k} \leqslant C_{n}, \forall t, \forall n \tag{8-24}$$

每个服务器的任务卸载比例，则是由随机数函数随机生成的 0～1 的随机数。值得一提的是，任务卸载比例的初始值并不重要，它的值可根据已有条件最优化得到，将在下文中说明。

由于基于粒子群算法，因此需要定义一个存储最优变量的结构体，令其为 PSO。其中包含前文中定义的全局最优和局部最优。需要说明的是，全局最优只有一个，而局部最优的个数和迭代次数相等。初始的局部最优变量在初始化所有粒子的适配策略和任务卸载比例后根据地区总代价公式计算，筛选出代价最小的一个，初始的全局最优即该局部最优。

使用优化函数得到条件最优化任务卸载比例的初值。然后根据改进粒子群算法的思想来指导每一个粒子的进化方向，如公式(8-25)和公式(8-26)所示。

对粒子的速度进行计算时可参照过去的值以及现在的值。粒子的速度更新过程中选取不同值的概率也随着当前总代价、局部最优总代价、全局最优总代价的倒数的不同占比来随机选取，如公式(8-27)～公式(8-29)所示。把整体看作一个 0～1 的区间，由三个不同的比例分成三个部分，每一部分占比的大小和概率相同。为了保证公平性，取随机数观察其所属的区间，其中 f 是计算总代价的函数。最后就按照改进粒子群算法的思路对每个粒子的适配策略 $A\boldsymbol{a}$ 进行调整，得到此次改进粒子群算法迭代的结果。

$$V_i^{t+1} = P_1 V_i^t \oplus P_2 (a_{\text{lbesti}}(t) \ominus A\boldsymbol{a}_i^t) \oplus P_3 (a_{\text{gbest}}(t) \otimes A\boldsymbol{a}_i^t) \tag{8-25}$$

$$A\boldsymbol{a}_i^{t+1} = A\boldsymbol{a}_i^t \otimes V_i^{t+1} \tag{8-26}$$

$$P_{1i} = \frac{1/f(A\boldsymbol{a}_i^t)}{1/f(A\boldsymbol{a}_i^t) + 1/f(a_{\text{lbesti}}(t)) + 1/f(a_{\text{gbest}}(t))} \tag{8-27}$$

$$P_{2i} = \frac{1/f(a_{\text{lbesti}}(t))}{1/f(A\boldsymbol{a}_i^t) + 1/f(a_{\text{lbesti}}(t)) + 1/f(a_{\text{gbest}}(t))} \tag{8-28}$$

$$P_{3i} = \frac{1/f(X_{\text{gbest}}(t))}{1/f(A\boldsymbol{a}_i^t) + 1/f(a_{\text{lbesti}}(t)) + 1/f(a_{\text{gbest}}(t))} \tag{8-29}$$

$$\begin{cases} \text{the uncertain bit value} = q_1, rand \leqslant P_{1i} \\ \text{the uncertain bit value} = q_2, rand \leqslant P_{2i} \\ \text{the uncertain bit value} = q_3, rand \leqslant P_{3i} \end{cases} \tag{8-30}$$

在对每个粒子的适配策略采用改进粒子群算法之后，可能会导致有的

BS 适配的服务容量之和大于该 BS 的总容量。具体来说，为了尽量减少时间复杂度，考虑在最后生成的适配策略中剔除能耗较高的某个服务的适配策略。因此，对于每一个 BS，把该 BS 经改进粒子群算法进化后最后得到的所有对应位为 1 的对应服务记录下来（即矩阵中该行上取值为 1 的列数），判定适配服务的容量之和是否超出了总容量。若未超出，则可以计算下一行对应 BS 的适配策略（如果还有的话）；若超出，则定义一个数组，个数与该 BS 已适配的服务个数相同，该数组计算的就是去掉其对应服务后所对应的总代价，如公式（8-31）所示。记 $a_{i,-j}^{t}$ 为该粒子对应地区的第 i 个服务器去掉服务 j 后的适配策略，用于排除能耗过大的适配策略。

$$a[i][j]=\sum_{n} V * \widehat{D}^{t}(a_{i,-j}^{t},b^{t})+q(t) * \widehat{E}^{t}(a_{i,-j}^{t},b^{t}) \tag{8-31}$$

在数组中逐个挑选最小值，即对应造成能耗最大的服务予以剔除，每剔除一个，需在适配服务容量之和中去掉该服务对应的容量，直到小于该 BS 的容量为止，然后开始下一个 BS 的计算。

基于上述过程，在每个时隙下根据迭代次数不断对每一个粒子重复进行有条件最优化算法和粒子群算法，不断筛选局部最优和全局最优，直到最后结果收敛。

8.2　用户移动性感知的服务适配

8.2.1　问题概述与建模

移动边缘计算环境下，边缘服务器具有一定的服务覆盖范围，用户移动离开当前基站覆盖范围或多个用户移动涌入同一基站，容易造成卸载的任务时延增加，服务质量下降，甚至服务中断，即在移动边缘计算为其用户提供无间断的服务过程中，部分用户可能发生地理位置的变化，使得用户在网络中的拓扑关系发生变换。在该种情况下，服务适配主要通过任务动态卸载与迁移解决。

移动边缘计算环境下用户移动性感知的任务动态卸载与迁移问题中的主要参与者为移动设备用户、信道、基站及其附属的边缘服务器。在这一环境下，应重点关注用户移动性对服务的影响，综合考虑各组件的资源，合理决策任务卸载与迁移。

假设移动边缘计算系统中有 M 个基站，每个基站都有边缘服务器，则这些边缘服务器可用集合 $M=\{1,2,3,\cdots,M\}$ 表示。系统中有 I 个用户设备，用集合 $I=\{1,2,3,\cdots,I\}$ 表示。每个用户都有 J 个计算量大且时延敏感的任务，$W_{i,j}$ 表示第 i 个用户的第 j 个任务。任务的具体定义为：

$$W_{i,j} \triangleq (D_{i,j}, C_{i,j}, O_{i,j}, X_{i,j}) \tag{8-32}$$

式中，$D_{i,j}$（单位为 kB）代表该任务的输入数据量大小，包括代码、形参等；$C_{i,j}$（单位为 Megacycle）代表完成该任务计算所需的 CPU 周期数；$X_{i,j}$ 代表完成该任务的最大可容忍时延；$O_{i,j}$（单位为 kB）代表该任务计算结果的数据量大小。本章研究中假设任务 $W_{i,j}$ 的计算结果数据量与其输入数据量存在一定的比例关系，即

$$O_{i,j} = \rho D_{i,j}, 0 < \rho < 1 \tag{8-33}$$

（1）通信成本

对不同的计算场所进行标号，假设本地设备标为 0，系统内的 MEC 服务器从 1 开始标至 M，则可供选择的计算场所可表示为集合 $\{0,1,2,3,\cdots,M\}$。假设 $a_{i,j}$ 表示第 i 个用户第 j 个任务 $W_{i,j}$ 的计算场所标号，如 $a_{i,j}=0$ 表示该任务在本地进行计算，$a_{i,j}=1$ 表示该任务在标号为 1 的 MEC 服务器上进行计算。$H_{i,j}$ 表示任务 $W_{i,j}$ 在各个时刻的计算场所标号序列，即 $H_{i,j}$ 由各个时刻的 $a_{i,j}$ 序列组合而成，$|H_{i,j}|$ 表示该集合内的元素个数。

假设 $J_{i,j}^{\text{comm}}$ 表示完成第 i 个用户第 j 个任务 $W_{i,j}$ 所造成的通信成本。当移动设备用户选择在本地进行任务计算时，不会造成额外的通信成本，即 $J_{i,j}^{\text{comm}}=0$。当移动设备用户选择将任务 $W_{i,j}$ 卸载至 MEC 服务器 m 计算时，会消耗上传任务所需的时间 $T_{i,j}^{\text{off}}$，具体如下：

$$T_{i,j}^{\text{off}} = \frac{D_{i,j}}{R_{m,i}^{\text{up}}} \tag{8-34}$$

式中，$R_{m,i}^{\text{up}}$ 表示部署了 MEC 服务器 m 的基站 b_m 内的移动设备用户 i 的上行传输速率，具体如下：

$$R_{m,i}^{\text{up}} = B_m^{\text{up}} \log_2\left(1 + \frac{P_i H_{m,i}}{\sigma + \sum_{k=1,k\neq i}^{I} P_k H_{m,k}}\right) \tag{8-35}$$

式中，B_m^{up} 表示基站 b_m 区域内的上行带宽；P_i 表示移动设备用户 i 的传输功率；σ 表示高斯白噪声；$H_{m,i}$ 表示移动设备用户 i 和基站 b_m 之间的信道增

益，计算公式如下：

$$H_{m,i} = d_{m,i}^{-\alpha} \tag{8-36}$$

式中，$d_{m,i}$ 表示移动设备用户 i 和基站 b_m 之间的距离，α 表示路径损耗因子。

当出于某些因素考量，如移动设备用户发生移动、原有 MEC 服务器计算资源紧张等情况，任务 $W_{i,j}$ 从原有 MEC 服务器 m 迁移至新的 MEC 服务器 m' 时，将造成数据搬迁的通信成本 $T_{i,j}^{\text{mig}}$。任务迁移成本由两种情况产生：第一种情况是任务尚未完成计算，此种情况下，本章研究假设发生迁移的数据是整个输入数据 $D_{i,j}$；第二种情况是任务完成计算，此种情况下，需将计算结果 $O_{i,j}$ 传输至新的 MEC 服务器 m'。任务迁移产生的通信成本 $T_{i,j}^{\text{mig}}$ 具体如下：

$$T_{i,j}^{\text{mig}} = \begin{cases} \dfrac{D_{i,j}}{R_{\text{mec}}}, C_{i,j} > 0 \\ \dfrac{O_{i,j}}{R_{\text{mec}}}, C_{i,j} = 0 \end{cases} \tag{8-37}$$

式中，R_{mec} 表示 MEC 服务器之间的数据传输速率（本章研究中假设任意两个 MEC 服务器之间的数据传输速率都相同）。

当任务 $W_{i,j}$ 在 MEC 服务器 m 上完成计算后，需将结果 $O_{i,j}$ 返回至移动设备用户，此时将耗费一定的回送结果时间 $T_{i,j}^{\text{back}}$：

$$T_{i,j}^{\text{back}} = \frac{O_{i,j}}{R_{m,i}^{\text{down}}} \tag{8-38}$$

$R_{m,i}^{\text{down}}$ 表示部署了 MEC 服务器 m 的基站 b_m 内的移动设备用户 i 的下行传输速率：

$$R_{m,i}^{\text{down}} = B_m^{\text{down}} \log_2\left(1 + \frac{P_i H_{m,i}}{\sigma + \sum_{k=1,k\neq i}^{I} P_k H_{m,k}}\right) \tag{8-39}$$

式中，B_m^{down} 表示基站 b_m 区域内的下行带宽；其他参数的具体释义请见公式(8-35)。

综上所述，在移动边缘计算环境下任务动态卸载与迁移的问题中，移动设备用户的任务 $W_{i,j}$ 为完成计算所需耗费的通信成本 $J_{i,j}^{\text{comm}}$：

$$J_{i,j}^{\text{comm}} = \begin{cases} 0, H_{i,j} = \{0\} \\ T_{i,j}^{\text{off}} + T_{i,j}^{\text{back}}, |H_{i,j}| = 1 \\ T_{i,j}^{\text{off}} + T_{i,j}^{\text{mig}} + T_{i,j}^{\text{back}}, |H_{i,j}| > 1 \end{cases} \tag{8-40}$$

(2)计算成本

移动设备用户为任务选择不同的计算场所将产生不同的计算成本,假设 $J_{i,j}^{\mathrm{comp}}$ 表示完成第 i 个用户的第 j 个任务 $W_{i,j}$ 所耗费的计算成本。

当移动设备用户选择在本地进行任务计算时,其耗费的计算时长 $T_{i,j}^{\mathrm{lc}}$ 为:

$$T_{i,j}^{\mathrm{lc}} = \frac{C_{i,j}}{f_{i,j}^{l}}, f_{i,j}^{\mathrm{l}} > 0 \tag{8-41}$$

式中,$f_{i,j}^{\mathrm{l}}$ 表示本地设备为任务 $W_{i,j}$ 分配的计算资源。当 $f_{i,j}^{\mathrm{l}} \leqslant 0$ 时,本地设备的计算资源被其他任务占用,任务 $W_{i,j}$ 需排队等候直至本地设备有空闲的计算资源。需强调的是,在本章研究中,假定任务 $W_{i,j}$ 被决策在本地进行计算,则该任务往后不会再被卸载至任务 MEC 服务器上。

当移动设备用户选择将任务卸载至 MEC 服务器 m 上进行计算时,其耗费的计算时长 $T_{i,j}^{\mathrm{cc}}$ 如下:

$$T_{i,j}^{\mathrm{cc}} = \frac{C_{i,j}}{\sum\limits_{a_{i,j} \in H_{i,j}} f_{a_{i,j},i,j}^{\mathrm{c}}} \tag{8-42}$$

式中,$\sum\limits_{a_{i,j} \in H_{i,j}} f_{a_{i,j},i,j}^{\mathrm{c}}$ 表示任务 $W_{i,j}$ 被卸载至各个 MEC 服务器上时获得的计算资源。假设 $f_{m,i,j}^{\mathrm{c}}$ 表示任务 $W_{i,j}$ 在 MEC 服务器 m 上分配得到的计算资源,分配原则为平均分配,即

$$f_{m,i,j}^{\mathrm{c}}(m) = \frac{f_m^{\mathrm{c}}}{U(m)} \tag{8-43}$$

$$U(m) = \sum_{i=1}^{I} \sum_{j=1}^{J} I(D_{i,j} = 0, C_{i,j} > 0, a_{i,j} = m) \tag{8-44}$$

式中,f_m^{c} 代表 MEC 服务器 m 的全部计算资源,$U(m)$ 表示停留在 MEC 服务器 m 上尚未完成计算的任务总数。

综上所述,在移动边缘计算环境下任务动态卸载与迁移的问题中,完成移动设备用户任务 $W_{i,j}$ 所需耗费的计算成本 $J_{i,j}^{\mathrm{comp}}$ 为:

$$J_{i,j}^{\mathrm{comp}} = \begin{cases} T_{i,j}^{\mathrm{lc}}, H_{i,j} = \{0\} \\ T_{i,j}^{\mathrm{cc}}, |H_{i,j}| \geqslant 1 \text{ 且 } 0 \notin H_{i,j} \end{cases} \tag{8-45}$$

由上述分析可知,移动边缘可计算环境下任务动态卸载与迁移的问题中完成移动设备用户任务所需的通信成本与计算成本。本章研究的优化目标是最大化任务完成数,即尽可能使系统内的任务在其时延要求下顺利完成,以提高用户 QoS。

结合上述分析，该优化目标可形式化定义为：

$$G = \max \sum_{i=1}^{I} \sum_{j=1}^{J} E[T_{i,j} > (J_{i,j}^{\text{comm}} + J_{i,j}^{\text{comp}})] \tag{8-46}$$

式中，$E(\cdot)$代表指示函数。

8.2.2 问题求解

本章研究假设系统采用离散计时模型，即系统时间由离散的时间片表示，并且每个时间片长度为τ。在每个时间片初始，每个移动设备上都会有新任务。

Agent：智能体将通过与环境的交互过程习得有效的任务动态卸载与迁移决策算法，在每个时间片j依次为每个任务$W_{i,j}$选择合适的计算场所。

State：智能体收集用户任务相关的信息进行决策，包括本地设备信息、任务自身信息、信道信息、各个MEC服务器的信息等。假设$S_j=\{s_{1,j},s_{2,j},\cdots,s_{i,j}\}$表示系统在时间片$j$时所有用户任务相关信息的集合。其中，$s_{i,j}$表示在时间片$j$时用户任务$W_{i,j}$的状态信息，具体如下：

$$s_{i,j} \triangleq < f_i^{\text{l}}, L_{i,j}^{\text{u}}, W_{i,j}, R_{i,j}^{\text{up}}, R_{i,j}^{\text{down}}, \varepsilon^c, D_{i,j} > \tag{8-47}$$

式中，f_i^{l}表示移动设备i的本地计算速度；$L_{i,j}^{\text{u}}$表示移动设备i在时间片j时的坐标，即

$$L_{i,j}^{\text{u}} = < x_{i,j}, y_{i,j} > \tag{8-48}$$

式中，$x_{i,j}$和$y_{i,j}$分别为横坐标和纵坐标。$W_{i,j}$为任务；$R_{i,j}^{\text{up}}$表示时间片j时移动设备i的上行传输速率，为得到该上行速率需先求解其所属区域，即

$$m = \operatorname*{argmin}_{m} \| L_{i,j}^{\text{u}}, L_m^{\text{s}} \|_2 \tag{8-49}$$

式中，L_m^{s}表示MEC服务器m的横纵坐标。求解出所属区域后，再通过公式(8-35)求解上行传输速率；$R_{i,j}^{\text{down}}$表示时间片j时移动设备i的下行传输速率，同样地，为得到该下行速率需先求解其所属区域，通过公式(8-39)求解下行传输速率；ε^c表示各个MEC服务器计算速度的集合，具体为：

$$\varepsilon^c = \{f_1^c, f_2^c, \cdots, f_m^c\} \tag{8-50}$$

式中，f_m^c表示MEC服务器m的计算速度；$D_{i,j}$表示移动设备i在时间片j时与各个MEC服务器的距离集合，具体如下：

$$D_{i,j} = \{d_{1,i,j}, d_{2,i,j}, \cdots, d_{m,i,j}\} \tag{8-51}$$

式中，$d_{m,i,j}$表示的是时间片j时移动设备i与MEC服务器m的欧式距离，即

$$d_{m,i,j} = \| L_{i,j}^{u}, L_{m}^{s} \|_2 \tag{8-52}$$

Action：假设 $A_j = \{a_{1,j}, a_{2,j}, \cdots, a_{i,j}\}$ 代表在时间片 j 时系统内 I 个移动设备用户对其任务作出的决策序列，该动作空间为所有计算场所的标号，即 $a_{i,j} \in P, P = \{0,1,2,3,\cdots,M\}$。特别地，当 $a_{i,j} \neq a_{i,j-1}$ 时，即 j 时刻任务的计算场所不同于前一时刻 $j-1$ 时，任务发生了迁移。

Reward：奖励是环境在考虑某种目标下对智能体动作的反馈，用以指导智能体更好地优化目标。由于本章研究目标是为了最大化任务完成数，提高用户 QoS，所以直接把每一时间片内的任务完成数作为算法每一步的奖励，具体如下：

$$r_j = \sum_{i=1}^{I} \sum_{k=1}^{j} E(O_{i,k} \leqslant 0, T_{i,k} < j) \tag{8-53}$$

式中，$T_{i,k}$ 表示任务 $W_{i,k}$ 的完成时间，具体如下：

$$T_{i,k} = k + X_{i,k} \tag{8-54}$$

结合深度强化学习（deep Q-learning，DQN）和 LSTM 的多用户任务卸载与迁移决策算法的框架以 DQN 的框架为基础进行改进，具体算法请见算法 8.1。该算法的目的是在每一个时间片里为每个任务选择合适的计算场所。时间片为 j 时，该算法把本时间片内新生成的任务以及之前生成但仍未完成的所有任务依次喂进模型，得到每个任务对应的关于每个计算场所的 Q 值。为采取合适的动作，即选择合适的计算场所，这里采用 ε-贪心策略，在 ε 的概率下随机选择动作，在 $1-\varepsilon$ 的概率选择最高 Q 值对应的动作，如算法 8.1 中的第 11 行～第 15 行所示。之后执行动作，环境返回关于此次动作的反馈 r_j 和下一观测值 S_{j+1}。下一观测值 S_{j+1} 为：

$$S_{j+1} = < S_j^-, W_{1,j+1}, W_{2,j+1}, \cdots, W_{i,j+1} > \tag{8-55}$$

S_j^- 表示当前所有未完成任务在下一时间片的状态，$< W_{1,j+1}, W_{2,j+1}, \cdots, W_{i,j+1} >$ 表示下一时间片新生成的任务。模型参数的更新方式如算法 8.1 中的第 22 行所示，其目的在于使当前时刻的 Q 值逼近目标 Q 值。当 $j < J$ 时，目标 Q 值与当前时刻 Q 值的差 y_j 为：

$$\begin{aligned} y_j &= r_j + \gamma \max_{a'} Q(S_j^-, a'; \theta) - Q(S_j, a; \theta) \\ &= r_j + \frac{\sum_{i=1}^{I} \sum_{k=1, O_{i,k}>0}^{j} \gamma \max_{a'} Q(s_{i,k}^-, a'; \theta) - Q(s_{i,k}, a; \theta)}{n} \end{aligned} \tag{8-56}$$

$$n = \sum_{i=1}^{I} \sum_{k=1}^{j} E(O_{i,k} > 0) \tag{8-57}$$

算法 8.1　结合 DQN 和 LSTM 的多用户任务卸载与迁移决策算法

输入：MEC 服务器列表 V（含坐标、上下行带宽、计算能力）；用户列表 N（含坐标、任务、计算能力）；固定参数列表 H（含高斯白噪声 σ、用户传输功率 P_m 等）

输出：以 LSTM 为骨干的动作-价值(action-value)网络 Q 的权重 θ^*

1　初始化经验池(experience reply) F，容量为 Z

2　初始化以 LSTM 为骨干的动作-价值网络 Q，随机设置权重为 θ

3　初始化队列 o

4　for 回合 $e = 1, P_{\max}$ do

5　　初始化奖赏 $r_0 = 0$

6　　for $j = 1, J$ do

7　　　初始化队列 q_j

8　　　for $i = 1, I$ do

9　　　　由 V, N, H 生成任务 $W_{i,j}$ 相关的信息 $s_{i,j}$

10　　　　将 $s_{i,j}$ 放进队列 o

11　　　　for $k = 1, j$ do

12　　　　　从队列 o 中取出 $s_{i,k}$ 喂进 Q 值，按 ε 的概率随机选择动作 $a_{i,k}$，或者按 $1-\varepsilon$ 的概率选择动作 $a_{i,k} = \arg\max_a Q(s_{i,k}, a; \theta)$

13　　　　　将 $a_{i,k}$ 放进队列 q_j

14　　　　end for

15　　　end for

16　　　由队列 o 生成当前观测 S_j

17　　　执行动作 q_j，得到一个即刻奖励 r_j 和下一时刻的观测 $S_{j+1} = < S_j^-, W_{1,j+1}, W_{2,j+1}, \cdots, W_{i,j+1} >$

18　　　使用下一时刻的观测 S_{j+1} 更新队列 o

19　　　将转换 $< S_j, q_j, r_j, S_{j+1} >$ 存储至 F 中

20　　　从 F 中随机抽样小批次的转换 $< S_j, q_j, r_j, S_{j+1} >$

21　　　设置 $y_j = \begin{cases} r_j, j = J \\ r_j + \gamma \max_{a'} Q(S_j^-, a'; \theta), j < J \end{cases}$

22　　　计算 $(y_j - Q(S_j, q_j; \theta))^2$ 的梯度，并更新网络权重

23　　end for

24　end for

8.3 面向有限边缘能力的服务适配

随着机器学习领域的蓬勃发展，人们越来越倾向于使用深度强化学习模型改善认知服务的性能，深度神经网络也在认知服务中获得了巨大的成功[12-13]，如图像分类、对象检测、语义分割等，尤其是深度卷积神经网络（如VGGNet，GoogleNet和ResNet），在多项机器学习任务上均有非常优秀的性能。纵观深度神经网络的发展历史，研究者更偏向于设计更复杂的卷积神经网络模型来获得更高准确度。对于这类计算密集型的模型，由于它们包含大量的参数，故对设备的硬件资源提出了更高的要求，因此并不适合在有限存储空间、电池续航有限的移动设备上部署使用[14-16]，知识蒸馏是解决该问题的关键技术之一。

知识蒸馏，这一技术可以按名字分为两个部分理解，“知识”一词是指通过将已训练好的复杂网络的知识进行提炼，并传递给简单网络，从而使简单网络的输出以复杂网络的输出为目标进行训练，使得简单网络尽可能达到复杂网络的性能。这样的一种方式与老师和学生的关系非常相似，因此在知识蒸馏中的复杂模型也叫老师模型，简单模型也叫学生模型。

本章研究提出一个基于云端协同的个性化神经网络框架，在保护用户隐私的前提下，依然可以为用户提供高性能、个性化、低延迟的认知服务。但是仍然存在为了保护移动设备上的数据安全性，这些用户收集的数据不能直接传递到服务器端进行集中训练的问题，这意味着以通用数据集进行训练的云模型CLOUD-T无法定期更新。同时也体现了传统知识蒸馏算法的局限性，即知识流动是单向的，仅可由老师模型流向学生模型，忽视了老师模型和学生模型之间随着时间推移产生的差异性。因此本章提出了双向知识蒸馏算法，该算法创新性地建立了一条从学生模型流向老师模型的知识流向，在延续该框架隐私保护初衷的同时，提供了一个部署在云服务器的老师模型和部署在移动设备的学生模型之间知识双向流动的通路，使得两者可以相互促进，共同带来性能上的提高，见算法8.2。

双向知识蒸馏算法的目的是在已有流向A的前提下（即传统的知识蒸馏算法）建立流向B，从而形成CLOUD-T和S_D的双向促进过程，提升两者性能。流向B的建立可以使老师模型在没有用户隐私上传的情况下仍能实现模型更新。因此，双向知识蒸馏算法需先利用 S_D 进行知识提炼，该知识形式 K 可以表示为：

$$K = F_i, (y_i^s, y_i) \tag{8-58}$$

式中，F_i 为设备 i 中的数据 x_i 输到 NLEM 后提取到的特征图，y_i^s 为 x_i 输入 S_D 得到的软标签。流向 B 通过 S_D 提取 K，传递给老师模型 CLOUD-T，从而使得老师模型可以进行增量训练提高其性能。增量训练的损失函数可表示为：

$$\omega_{\text{cloud}}^* \leftarrow \min_{\omega} L(\omega_{\text{cloud}}^*) = \alpha L_{soft}(\omega_{\text{cloud}}, F_i, y_i^s) + \beta L_{\text{hard}} \tag{8-59}$$

即 CLOUD-T 的更新依赖于 S_D 提取的知识 K，指导 CLOUD-T 进行增量训练，在 ω_{cloud} 的基础上进行微调得到 ω_{cloud}^*，这一更新的目的为提升 CLOUD-T 的准确率，进而可以在流向 A 中，使 ω_{cloud}^* 相对于 ω_{cloud}，为 S_D 提供更加准确的软标签信息，从而让 ω_{S_D} 也可以重新训练，得到准确率更高的 $\omega_{S_D}^*$ 为各用户提供认知服务，这一目标可以表示为公式(8-60)和公式(8-61)，其中 M_{acc} 为多设备下的加权平均准确率：

$$M_{\text{acc}}(\omega_{\text{cloud}}^*) > M_{\text{acc}}(\omega_{\text{cloud}}) \tag{8-60}$$

$$M_{\text{acc}}(\omega_{S_D}^*) > M_{\text{acc}}(\omega_{S_D}) \tag{8-61}$$

步骤一(第 1 行～第 5 行)：随着用户使用设备，移动设备不断采集数据，当新增数据量达到阈值 T_{client} 时，首先移动设备基于算法 8.3 使用多设备分布式参数更新方法得到带有特征提取能力的 $\omega_{S_D}^i$，其中包含具有特征提取能力的 NLEM 单元(第 2 行～第 3 行)。接下来使用 $\omega_{S_D}^i$ 提取本设备上的知识 $F_i, (y_i^s, y_i)$ 并上传至云服务器(第 4 行～第 5 行)，其中 y_i^s 为 y_i 输入 $\omega_{S_D}^i$ 后得到的软标签分布，F_i 为输入数据 x_i 经过 NLEM 得到的特征图，可以代表输入样本的数据特征，可表示为：

$$F_i = \text{NLEM}(x_i) = \text{Relu}(BN(Conv(x_i))) \tag{8-62}$$

步骤二(第 6 行～第 9 行)：云服务器不断采集移动设备发送来的知识 $F_i, (y_i^s, y_i)$，并维护一个知识集合 K，直到集合 K 的大小大于设定阈值 T_{server}。

步骤三(第 10 行 ～ 第 18 行)：在知识集合 K 足够大时，CLOUD-T 可以开始进行增量训练，这里的 F_i 和 CLOUD-T 输入层维度相同，即 F_i 可直接作为样本输到 CLOUD-T 中。增量训练过程中，CLOUD-T 的损失函数定义如式(8-63)所示：

$$\omega_{\text{cloud}}^k \leftarrow \alpha L_{\text{soft}}(\omega_{\text{cloud}}^{k-1}, F_i, y_i^s) + \beta L_{\text{hard}}(\omega_{\text{cloud}}^{k-1}, F_i, y_i) \tag{8-63}$$

L_{soft} 可表示为：

$$L_{soft}(\omega_{cloud}^{k-1}, F_i, y_i^s) = KL\_divergence(\omega_{cloud}^{k-1} * F_i, y_i^s) \quad (8\text{-}64)$$

L_{hard} 可表示为：

$$L_{hard}(\omega_{cloud}^{k-1}, F_i, y_i) = cross\_entropy(\omega_{cloud}^{k-1} * F_i, y_i) \quad (8\text{-}65)$$

即双向知识蒸馏算法通过学生模型提取到的特征图信息、用户数据通过学生模型提取到的软标签以及用户数据真实标签，共同指导云模型的训练，利用学生模型提炼得到的知识，在无须用户隐私数据上传的前提下，提高 CLOUD-T 的性能，增量训练后得到更新后的云模型 CLOUD-T*。

步骤四(第 19 行～第 21 行)：利用更新后的 CLOUD-T* 再次执行算法 8.3，再次指导移动设备模型 S_D进行训练，得到新的可以提供认知服务的模型 S_D^*。随着时间推移，若移动设备上用户采集到的数据继续增加，则可以回到步骤一，如此，双向知识蒸馏算法建立起了流向 A 和流向 B，学生模型和老师模型的共同正向促进流程。

这里还要注意的是，该步骤也实现了移动设备模型的动态更新。步骤四中 S_D的更新方式建立在 CLOUD-T 的更新之后，是不常发生的动作，因为 CLOUD-T 需要大量用户采集到新数据才可进行更新操作。因此两种动态更新的方式并不矛盾，前者可在短期内提升提供服务的模型性能，而本章的双向知识蒸馏算法可在 S_D自身增量训练进入瓶颈时，通过更新 CLOUD-T 的方式实现其动态更新。

算法 8.2 双向知识蒸馏算法

输入：云服务器模型 ω_{cloud}，移动设备模型$\omega_{S_D}^i$，移动设备数据 $\{x_i, y_i\}$，迭代次数 EI，设备数 DN，DFN，阈值 T_{client}，T_{server}，蒸馏温度 T，超参 α，β

输出：更新后的云模型 ω_{cloud}^*，更新后的移动设备模型$(\omega_{S_D}^i)^*$

初始化：ω_s 嵌入 NLEM

1 Function $Distill\_K(T_{client})$://run on Device

2 　if 移动设备新增数据量> T_{client}

3 　　基于算法 1 使用多设备分布式参数更新方法训练得到 $\omega_{S_D}^i$

4 　　使用 $\omega_{S_D}^i$ 进行知识提炼 F_i，$(y_i^s, y_i) \leftarrow \omega_{S_D}^i$

5 　　上传 F_i，(y_i^s, y_i) 至云服务器进行采集

6 Function $Cloud\_Collect\_K()$://run on Cloud

7 　while 云服务器接收到移动设备发送来的提炼知识

续表

8	添加至集合 K 中
9	if $size(K) > T_{server}$: break
10	Function $Cloud\_Incremental\_Training$ (K, EI) ://run on Cloud
11	$Cloud\_Collect\_K()$
12	for $k \leftarrow 1$ to EI do
13	for $batch$ in K do
14	$\omega_{cloud}^{k} \leftarrow \alpha L_{soft}(\omega_{cloud}^{k-1}, K_{batch}) + \beta L_{hard}(\omega_{cloud}^{k-1}, K_{batch})$
15	end for
16	end for
17	$\omega_{cloud}^{*} \leftarrow \omega_{cloud}^{k}$
18	return ω_{cloud}^{*}
19	Function $Device\_training$($\omega_{cloud}^{*}, \omega_{s}, \{x_i, y_i\}$) ://run on Device
20	执行表 8.3 中流程
21	return $(\omega_{S_D}^{i})^{*}$

算法 8.3　基于云端协同的个性化神经网络框架

输入：云服务器初始模型 ω_{cloud}^{0}，移动设备初始模型ω_{s}，训练数据 X,Y，训练数据 $\{x_i, y_i\}_{i=1}^{DN}$，迭代次数 EC，迭代次数 ED，蒸馏温度 T，设备数 DN，超参 α,β

输出：设备 i 上的模型$\omega_{S_D}^{i}$

初始化：移动设备发送信号至云服务器，初始化 DN

1	Function $Cloud\_Training$(ω_{cloud}^{0}, X, Y) :// run on cloud
2	for $k \leftarrow 1$ to EC do
3	for $\{X_{batch}, Y_{batch}\}$ in X,Y do
4	$loss = cross\_entropy(\omega_{cloud}^{k-1} * X_{batch}, Y_{batch})$
5	$\omega_{cloud}^{k} \leftarrow loss(X_{batch}, Y_{batch}, \omega_{cloud}^{k-1})$
6	设置 $\omega_{cloud} = \omega_{cloud}^{k}$
7	return ω_{cloud}
8	Function $Model\_Transfer$(ω_{cloud}) : // run on cloud
9	ω_{cloud} = Cloud_Training()；得到训练好的云模型 CLOUD-T；

续表

10	for $i \leftarrow 1$ to DN do
11	将 ω_{cloud} 发送到设备 i 中
12	Function *Device_Receive*()：// run on device
13	$\omega_{\text{cloud}} \leftarrow$ 接收云服务器发送来的消息
14	return ω_{cloud}
15	Function *Teacher_inference*($\omega_{\text{cloud}}, x_i, T$) ：// run on device
16	$\omega_{\text{cloud}} = Device\_Receive()$
17	$p_i^{\text{T}} = \text{softmax}(\omega_{\text{cloud}} * x_i T)$
18	return q_i^{T}
19	Function *Device_training*($\omega_{\text{cloud}}, \omega_{\text{s}}, \{x_i, y_i\}$) ：// run on device
20	$p_i^{\text{T}} = Teacher\_inference(\omega_{\text{cloud}}, x_i)$
21	$q_i^{\text{T}} = \text{softmax}(\omega_{\text{s}} * x_i T)$
22	$L_{\text{soft}}(\omega_{\text{cloud}}, x_i) = KL\_divergence(p_i^{\text{T}}, q_i^{\text{T}})$
23	$L_{\text{hard}} = cross\_entropy(y_i, q_i^{T})$
24	for $k \leftarrow 1$ to ED do
25	$\omega_{\text{S}_{\text{D}}}^{i} \leftarrow \alpha L_{\text{soft}}(\omega_{\text{cloud}}, x_i) + \beta L_{\text{hard}}$
26	return $\omega_{\text{S}_{\text{D}}}^{i}$

8.4 本章小结

本章意在解决用户的服务需求及所处环境多元动态、服务平台承载能力有限，导致服务质量无法满足用户需求的问题，详细阐述了面向动态负载的服务适配、用户移动性感知的服务适配、面向有限边缘能力的服务适配等相关适配策略的技术细节，以及相关技术能够在负载动态变化、用户动态移动、边缘能力有限等情况下动态提升服务质量。

参考文献

[1] Wu C L, Chiu T C, Wang C Y, et al. Mobility-aware deep reinforcement learning with

glimpse mobility prediction in edge computing[C]//ICC 2020-2020 IEEE International Conference on Communications (ICC). 2020: 1-7.

[2] Tang F, Liu C, Li K, et al. Task migration optimization for guaranteeing delay deadline with mobility consideration in mobile edge computing [J]. Journal of Systems Architecture, 2020, 112(8):101849.

[3] Mahmoodi S E, Uma R N, Subbalakshmi K P. Optimal joint scheduling and cloud offloading for mobile applications[J]. IEEE Transactions on Cloud Computing, 2019, 7(2): 301-313.

[4] Kumar K, Lu Y H. Cloud computing for mobile users: Can offloading computation save energy? [J]. Computer, 2010, 43(4): 51-56.

[5] Huang D, Wang P, Niyato D. A dynamic offloading algorithm for mobile computing [J]. IEEE Transactions on Wireless Communications, 2012, 11(6): 1991-1995.

[6] Nguyen P D, Ha V N, Le L B. Computation offloading and resource allocation for backhaul limited cooperative MEC systems[C]//2019 IEEE 90th Vehicular Technology Conference (VTC2019-Fall). 2019: 1-6.

[7] Sheth A, Yip H Y, Iyengar A, et al. Cognitive services and intelligent chatbots: Current perspectives and special issue introduction[J]. IEEE Internet Computing, 2019, 23(2): 6-12.

[8] Wang W, Xu P, Yang L T, et al. Cloud-assisted key distribution in batch for secure real-time mobile services[J]. IEEE Transactions on Services Computing, 2016, 11(5): 850-863.

[9] Wu K C, Liu W Y, Wu S Y. Dynamic deployment and cost-sensitive provisioning for elastic mobile cloud services[J]. IEEE Transactions on Mobile Computing, 2017, 17(6): 1326-1338.

[10] Fang Z, Lin J H, Srivastava M B, et al. Multi-tenant mobile offloading systems for real-time computer vision applications [C]//20th International Conference on Distributed Computing and Networking. 2019: 21-30.

[11] Han S, Shen H, Philipose M, et al. MCDNN: An approximation-based execution framework for deep stream processing under resource constraints[C]//14th Annual International Conference on Mobile Systems. 2016: 123-136.

[12] Wang S, Ding C, Zhang N, et al. A cloud-guided feature extraction approach for image retrieval in mobile edge computing[J]. IEEE Transactions on Mobile Computing, 2021: 20(2): 292-305.

[13] Wu J, Dong M, Ota K, et al. Fog-computing-enabled cognitive network function virtualization for an information-centric future Internet[J]. IEEE Communications Magazine, 2019, 57(7): 48-54.

[14] Zhang Y, Xiang T, Hospedales T M, et al. Deep mutual learning [C]//IEEE Conference on Computer Vision and Pattern Recognition. 2018: 4320-4328.

[15] Yim J, Joo D, Bae J, et al. A gift from knowledge distillation: Fast optimization, network minimization and transfer learning[C]//IEEE Conference on Computer Vision and Pattern Recognition. 2017: 4133-4141.

[16] Jiang X T, Wang H, Chen Y L, et al. MNN: A universal and efficient inference engine[C]//Machine Learning and Systems 2020 (MLSys). 2020.

第 9 章　新型服务架构及面临的挑战

9.1　无服务架构及面临的适配问题

无服务计算(serverless)范式又称为 FaaS,云原生计算基金会(Cloud Native Computing Foundation, CNCF)定义 serverless 为:开发者对应用的构建与执行不需要对服务器进行管理。serverless 的本质是将计算建模为一个事件分发与消息处理系统,serverless 能在事件到达后再分配处理单元所需资源,延后了资源分配的时机,使计算资源完全被事件处理单元使用,实现了资源的高效按需分配。此外,由于消息处理单元由开发者编写,故 serverless 具有极大的通用性与灵活性。事件模型能按使用量进行收费,这类付费模型能有效节省中小厂商云计算租用成本,使 serverless 在云计算/移动边缘计算领域广受欢迎[1-3]。

从开发者角度看,serverless 提供了一种细粒度的部署模型,即功能(Function)模型。该模型认为应用程序是由一个或多个功能模块组成的,应用的各个功能模块被托管至 serverless 平台,serverless 平台在事件到达时对相应功能模块分配所需的硬件资源,并基于功能模块对应用进行执行、扩展和计费,实现按需执行与按需付费。Function 模型往往通过容器进行部署,而容器通过镜像文件启动,镜像文件包含了容器运行所需的完整运行环境,包括操作系统、开发环境、数据库以及应用程序等。实例化镜像文件能够在物理机上快速创建对应的容器,以处理用户请求。

serverless 在边缘计算环境下遇到的诸多问题,主要是由 serverless 中功能模型表达能力欠缺导致的。

(1)功能模型导致边缘计算环境传输时延增加

由于 serverless 不支持高级的组合与集成模型,故采用功能模型的边缘服务需要用户终端设备对执行逻辑进行组合。在用户端对功能进行组合与集成需要反复访问多个不同的 serverless 功能模块,造成数据传输反复通过边缘侧网关并引入空口时延,形成空口时延放大效应。

在云计算中心,对 serverless 的请求主要由云计算中心内部其他服务生成,这类请求会通过云计算中心内部的高速网络,因此在云计算中应用 serverless 不会存在时延放大问题。为了解决边缘计算环境中 serverless 的时延放大效应,一种可行方案是提供一种高级的组合集成模型,由计算平台代理用户对功能的请求,使功能间的信息传输改为在边缘计算服务器内部进行。这种方法要求计算平台提供并支持一种功能组合集成的高级模型,要求计算平台提供服务执行器,从而实现服务在计算平台内部执行。服务执行器需要保证功能模块的按序执行,并完成对用户请求的代理。采用服务组合集成模型后,serverless 功能模块的计算结果能直接利用边缘云内部的高速网络传递到下一个 serverless 功能模块,显著节省了终端通过空口传输数据的次数,从而减少了传输时延。在这种方案的支撑下,用户终端设备不需要运行额外代码,终端用户能通过简单接口与协议直接完成对边缘计算服务的访问,有效地简化了终端设备的接入流程。

(2)服务快照问题

服务快照是保存了运行中服务某个时间状态的文件,通过支持服务快照,计算平台可以实现对服务状态的保存与恢复。在边缘计算环境中,边缘计算节点受基站部署位置限制,存在一定的服务范围,由于部分用户地理位置可能发生移动,用户脱离当前边缘计算节点的服务范围会最终导致服务质量下降甚至服务中断。为了使边缘计算服务能对移动用户进行持续服务,要求边缘计算平台能对服务迁移进行支持,因此需要通过快照实现对服务状态的保存与恢复。由于 serverless 是针对云计算中心的需求进行设计的,基于功能模型的 serverless 并不支持服务快照功能,需要探索一种基于 serverless 计算架构的快照获取方式。

根据上面分析,边缘计算环境下可以通过高级组合模型实现对 serverless 功能的组合与集成。因此,可以在此基础上,将该模型作为服务的基本单位,通过探索该模型中间状态的获取与恢复方式,实现一种基于 serverless 的服务快照。

基于上文分析，我们提出了基于功能模型的边缘服务功能图模型，边缘服务功能图是由 serverless 功能模块与功能模块之间的数据流动关系组成的有向无环图（direct acyclic graph，DAG），DAG 的节点为 serverless 功能模块，DAG 的边为功能模块之间的数据传输方向。服务功能图实现了一种更高级的组合集成模型，DAG 可以被序列化并保存到边缘计算平台中指导边缘服务的执行，使边缘计算服务能利用边缘云内部高速网络连接执行服务，规避了边缘计算环境中应用 serverless 的空口时延放大问题。服务功能图进一步通过 DAG 暴露了服务的中间状态，为服务快照提供了可能性，从而为服务迁移铺平了道路。

为了更好地完成对服务功能图的定义，假定计算平台自身提供的平台功能与开发者上传的功能模块组成了开发平台功能模块集合 F，$F = \{f_1, f_2, \cdots, f_{n-1}, f_n\}$。开发者可以通过组合这些功能模块，形成一个边缘服务 S_i，S_i 包含了功能模块子集 F_i 与各功能模块执行的关系 E_i，$E_i = \{e_{m,n}, \cdots\}$，$e_{m,n}$ 代表一条 f_m 到 f_n 的边。因此，我们将服务功能图模型建模为一个 DAG 模型，即 $S_i = S(F_i, E_i)$。其中，S_i 代表边缘计算平台上第 i 个服务，S_i 是一个有向无环图。节点集合为功能模块的子集 F_i，边集合 E_i 为功能模块之间数据传输关系集合。$S(F_i, E_i)$ 为一个函数，建立了节点集合 F_i 与边 E_i 到服务 S_i 的映射关系。F_i 集合中的每个节点 f 的入度为其他功能模块传输的执行结果数据，出度为该节点的计算结果。

为了更完整地表述服务功能图模型，引入源节点与目的节点两个非 serverless 功能模块的特殊节点，源节点与目的节点代表用户的请求发出与收到结果两个状态。在边缘计算环境下，用户的一次请求对应一次返回，因此源节点与目的节点的度始终为 1，通过源节点与目的节点，服务功能图模型将用户请求建模为单请求单返回模型。

用户的请求抽象为特殊的源节点 f_{src}，服务返回结果抽象为目的节点 f_{dist}。源节点 f_{src} 的出度为 1，入度为 0；目的节点 f_{dist} 出度为 0，入度为 1。节点集合数目 $|F_i|$ 最小为 2，边集合数目 $|E_i|$ 最小为 1。

一个可能的服务功能图模型如图 9.1 所示。

通过服务功能图模型，开发者可以定义一个 DAG，实现对服务 $S_i = S(F_i, E_i)$ 的定义。由于 DAG 支持标准化的文本定义，因此开发者可以将服务功能图定义为文本，并作为服务元数据的一部分存储在计算平台中。服务功能图是对 serverless 功能进行组合与集成的高级模型，计算平台能

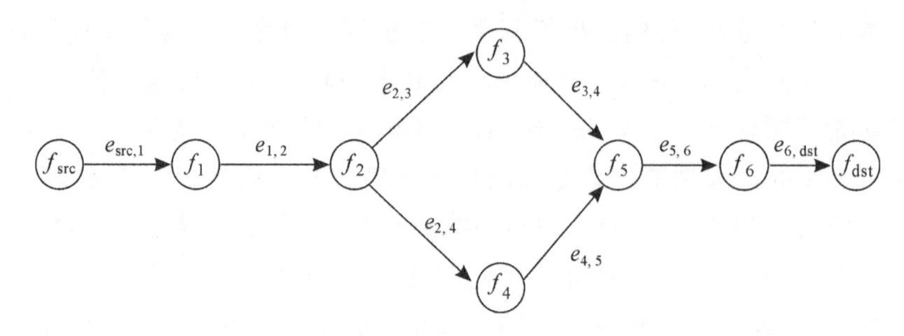

图 9.1　服务功能图模型

通过解析服务功能图模型元数据获得完整执行边缘服务所需的重要信息，计算平台服务执行器通过此信息在边缘计算平台内部按序调度 serverless 功能，并控制功能计算结果数据以 E_i 规定的方向传送到下一个功能中，最终保证服务 S_i 在边缘云内部完整、准确地执行。

服务功能图是一个 DAG，包括源节点与目的节点，其中节点为 serverless 功能模块，服务功能图模型的执行本质是对该 DAG 依据拓扑次序进行遍历处理，通过边指定的关系将上一个节点的计算结果作为输入发送到下一个节点进行计算。

针对一个边缘服务 $S_i = S(F_i, E_i)$，服务执行时，首先按照拓扑排序算法获得功能节点的拓扑排序队列 Q，然后根据拓扑排序计算结果，按序请求底层 serverless 功能模块，并将结果暂存到 $DATA$，后继节点从 $DATA$ 中获得其前驱节点的数据，从而实现计算的连续执行。服务功能图的遍历处理从源节点 f_{src} 开始，遍历到目的节点 f_{dist} 结束。

由于拓扑排序算法是图的经典算法，故本章不对该算法进行详尽描述。根据拓扑排序算法能计算出服务功能图的拓扑排序队列，计算平台采用该队列对服务功能按照拓扑排序的次序进行执行，保证了对应功能在执行时，其依赖的前序节点都已经执行，完成了对服务功能图执行顺序的规划。算法 9.1 描述了按照拓扑排序遍历服务功能图实现对该边缘服务的执行过程。

服务快照是一种特殊的文件，它封装了运行中的边缘服务运行状态信息与其他重要元数据，服务快照可以在边缘计算平台中恢复一个执行中的边缘服务及其状态。计算平台对服务快照的支持表现在需要保证服务快照的获取与恢复两个基本功能，这两个基本功能要求服务状态数据是可获取可恢复的。传统的 serverless 功能并不支持对功能中间状态的获取与恢复，本章研究定义了服务功能图模型，我们将服务定义为由多个 serverless 功能组成。在服务执行的过程中，可以将 DAG 执行的中间状态数据作为服务的中间状态数据。只要将 DAG 执行过程的中间状态数据进行良好的封装，保证状态数据的可获取与可恢复，则在服务功能图的基础上，服务快照的获取与恢复是可行的。

算法 9.1　服务功能图执行算法

输入：用户请求 req_i；服务 $S_i = S(F_i, E_i)$；服务功能源节点 f_{src}，目的节 f_{dist}
输出：服务返回结果 res_i

1　*if* 用户请求 req_i 到达 *then*
2　　$Q \leftarrow topu\_sort(S_i)$ //初始化队列 Q 为算法 4-1 拓扑排序结果
3　$DATA \leftarrow \{\}$ //serverless 功能结果容器
4　　$DATA[f_{src}] \leftarrow res_i$ //虚拟节点 f_{src} 的计算结果为用户输入
5　while $Q \neq \emptyset$ and head(Q) $\neq f_{dist}$ do
6　　$f \leftarrow$ get_head(Q)//获取队列头
7　pop_head(Q)
8　$data_f \leftarrow \emptyset$ // $data_f$ 为 f 所有所需数据的打包
9　for ε 为以 f 为目的节点的边 in E_i do
10　$f_s \leftarrow$ get_src_node(ε)
11　$data_f \leftarrow append\_data(data_f, DATA[f_s])$ //打包前驱节点数据
12　end
13　$DATA[f] \leftarrow$ call_function(f, $data_f$) //请求功能，结果存入 data
14　　end
15　$res_i \leftarrow DATA[f_{dist}]$//返回最终执行结果
16　end

基于以上结论，本章继续提出基于服务功能图模型的服务快照获取与恢复方式。为了保证服务快照记录服务恢复所需的所有数据，除了需要封装中间状态信息以外，还需要封装记录服务信息的服务元数据。在服务功能图模型中，DAG 描述文件保存了服务入口和服务出口，serverless 功能模块及其关系等重要信息，这些重要信息为主要元数据。为了保证服务中间状态信息的可获取与可恢复，本章将 DAG 执行过程中的拓扑排序队列 Q

以及数据容器 $DATA$ 定义为服务运行中间状态数据，通过保存与恢复中间状态数据，采用服务功能图的边缘服务实现服务快照功能。

为了更清晰地描述状态信息获取方式，我们根据上节对服务执行算法的描述，针对一个正在执行的边缘服务 $S_i = S(F_i, E_i)$，引入 $Q = \{f_i, f_j, f_k, \cdots\}$ 表示 DAG 拓扑次序遍历过程中所使用的队列，Q 中保存的功能 f 代表了 DAG 拓扑次序遍历过程中未被遍历的节点；$DATA$ 作为 serverless 功能模块中间结果的容器。Q 与 $DATA$ 是表 9.2 在执行过程中的主要中间数据，对这两个中间数据的保存与恢复，可以实现由服务执行器控制的服务快照存储与恢复，算法 9.2 描述了服务快照保存算法。

算法 9.2　服务快照保存算法

输入：用户请求保存服务 $S_i = S(F_i, E_i)$ 快照
输出：服务快照返回结果 *res*

1　*if* 用户 u 请求服务 $S_i = S(F_i, E_i)$ 快照 *then*
2　stop_service(u, S_i)
3　　$Q \leftarrow$ get_queue(u, S_i) //获取队列 Q
4　　$DATA \leftarrow$ get_data(u, S_i) //获取功能结果容器
5　compress_snapshot($S_i, Q, DATA$)
6　　*res* $\leftarrow$ clean_service_container(u, S_i)
7　end

为了提升功能启动速度，serverless 功能模块提供了功能预热模型，但 serverless 功能模块自带的功能预热只有开启与关闭两种状态，预热开启后，所有功能模块都会被预热。预热需要一部分计算资源，故无差别的预热会导致边缘计算环境的资源浪费。serverless 功能模块预热对优化边缘计算环境下时延敏感型应用的时延具有极大的优势，但由于边缘计算环境中资源紧张、服务众多，处于预热状态的虚拟化环境会导致少量资源占用，预热对边缘计算环境下的资源损耗不可忽略。因此必须对传统的不加区别的 serverless 功能模块预热方案进行修改，区分预热功能子集与非预热功能子集，实现更细粒度的预热管理，从而使其适应边缘计算环境的特殊情况。由于不能完全预测边缘计算环境中用户服务请求的到来时间与频率，故根据预测的请求到来时间进行服务针对性预热的方案并不可行，为了最大化保障边缘计算服务的可用性，本章采用将服务分为时延敏感型应用与非时延敏感性应用来实现细粒度的预热。

对于时延敏感型应用，服务响应时延是服务质量的重心，由于不能预测用户请求到来时间，为了保证对用户服务的质量不下降，应始终开启时延敏感型应用的虚拟化环境预热。

对于非时延敏感型应用，由于边缘计算环境上服务众多，为了保证服务的最大可用性，需要压缩未使用服务的资源占用，因此需要针对性地关闭非时延敏感型应用的虚拟化环境预热。在请求到来时，计算平台管理子系统再按需求控制整体系统分配计算资源并构造虚拟化环境，以实现服务资源占用的最小化。

基于边缘计算环境下 serverless 功能模块预热需求的基本分析，建立功能预热子集 F_{warm}，该子集是边缘计算服务中所有时延敏感型服务依赖功能的集合，在服务管理时按照服务部署状态进行实时更新。对于未在预热子集中的功能，需要在请求到来时按需分配资源。

9.2　网络服务功能编排

9.2.1　网络服务编排

(1)网络服务功能链(service function chain，SFC)

网络服务功能链体系结构由 IETF 提出[4-7]，该结构包括服务功能(service function，SF)、服务功能转发器(service function forwarder，SFF)，SFC 代理、SFC 分类器等关键组件。SF 负责对接收到的数据包进行特定处理，SFC 分类器是根据 SFC 预定义策略对流量进行分类的实体，SFF 负责根据 SFC 路径将流量发送给相应的 SF。在传统网络中，SFC 体系结构中的这些关键组件通常由专用设备实现，因此组件的软件模块与底层硬件及网络拓扑紧密耦合会导致 SFC 部署非常复杂，难以根据需求灵活部署。为了解决这些问题，网络功能虚拟化(network function virtualization，NFV)和软件定义网络(software defined network，SDN)被用于 SFC 中，产生了基于 NFV/SDN 的 SFC 体系结构。在 SFC 中采用 NFV 等技术可以使 SF 以虚拟化网络功能(virtualized network function，VNF)实例的形式实现，采用 VNF 转发图模型对服务链进行描述，并通过 VNF 编排实现 SFC，可以大大提高 SFC 部署和运营的灵活性和效率。同时，SDN提供了VNF之间动态且经济高效的流量控制机制，并通过支持灵活的SFC路径选择以适应网络变化。

(2)NFV管理编排(management orchestration，MANO)

欧洲电信标准化协会(ETSI)提出了一个NFV MANO框架，其中包含NFV编排器、VNF管理器和虚拟化基础架构管理(virtualized infrastructure management，VIM)，该框架基于基础设施虚拟化来提供网络服务[8-10]。在MANO框架下，VIM主要对放置VNF实例的基础结构资源进行管理，这些VNF实例由VNF管理器进行管理。NFV编排器协调服务链中涉及的VNF实例，并与网络控制器一起管控相邻VNF之间的流量。当前多种基于NFV MANO框架的开源SFC平台已被提出，如OPNFV和ONAP。NFV MANO最新版本为跨域服务编排提供了更好的支持，增加了跨接入、传输和核心网络进行服务组件部署的能力。

(3)5G网络服务化架构(SBA)

3GPP提出的5G服务化体系结构将对5G网络构建产生重大影响。与关键网络功能之间的点对点交互的传统网络体系结构不同，SBA以服务形式对核心网络功能进行封装，并引入了基于服务的接口对外提供一致性访问。SBA中的每个服务都提供一个或多个基础网络功能，这些网络功能可以被其他网络功能发现、请求与访问。为了实现这些目的，SBA除了定义标准的5G网络功能(NF)外，还定义了两个新网络功能：提供NF服务发现的NF存储库功能(NRF)和将NF服务公开给授权的外部应用程序的网络暴露功能(NEF)。借助SBA，服务编排对构建端到端网络服务和实现网络服务供应起着关键作用。

9.2.2 跨域服务编排

跨网络和边缘/云计算域进行端到端服务编排是实现端边云协同的关键技术，已引起了业界和学术界的广泛研究关注。ETSI NFV最新规范提出了支持网络与边缘/云服务之间的服务编排。最新提出的NFV Release-3规范提供了用于不同管理域的MANO之间进行交互的新机制。MANO对在跨接入、传输和核心网络中部署服务组件的能力进行了加强。此外，NFV支持利用基于容器的虚拟化技术和微服务架构来实现。这些都是在NFV环境中部署边缘计算功能的重点，因此可以极大地促进跨网络和边缘计算功能的服务编排。

ETSI已经提出了在NFV环境中部署MEC的参考体系结构。在这种体系结构中,边缘应用程序就像NFV MANO的VNF一样,移动边缘应用程序协调器(MEAO)可以使用NFV协调器(NFVO)进行资源和功能的协调。该体系结构还定义了MEAO和NFVO之间的接口,以实现它们之间的协调,从而支持跨网络和边缘计算功能的服务链。3GPP开发的基于服务化架构的5G网络提供了边缘计算所需的一些关键功能,如服务注册、发现、身份验证等,从而使5G网络成为部署边缘应用程序的平台。此外,5G网络中的网络切片允许从可用的网络功能中分配所需的功能和资源,以满足各种边缘应用程序的各种需求。

9.2.3 挑战与机遇

(1)跨网络跨边缘服务域的服务编排

跨网络跨边缘服务域的服务编排或跨域编排主要涉及两个方面:第一个方面是关于网络功能和应用功能之间的编排,涉及网络和计算/存储基础架构的多种资源集成资源管理,其中MEC体系结构中的MEAO与NFV体系结构中的NFVO之间的协调是一个重要的问题;另一个方面是如何保障编排之后端到端的服务质量保障,由于边缘计算的分布式特性,边缘服务供应通常涉及由不同提供商(包括边缘和云服务提供商)运营的计算/存储基础架构,这些计算/存储资源通过各种类型的网络(包括接入网络、传输网络、核心网络和数据中心网络)进行互连。因此,跨多个服务域的服务编排要充分考虑各类异构网络对端到端服务质量的影响。除此之外,有效的域间编排必须解决许多技术问题,如信息交换、联合资源分配以及域间身份验证/授权,这些都是需要进一步研究的开放问题。

(2)面向微服务架构的大规模编排

计算/存储容量有限的边缘节点能使轻量级微服务体系结构有效提升资源利用率。微服务架构通常采用基于容器的虚拟化技术,同时将服务功能分解为通过网络互连的更细粒度的服务组件。该架构通过大量分布式服务组件的编排实现边缘应用,这对服务编排技术提出了新的挑战。基于微服务的边缘环境需要复杂的编排算法不仅具有鲁棒性,可扩展到大规模的网络和计算服务模块,还要能够优化不同服务提供商的资源利用率。因此,基于微服务架构的服务链大规模编排是未来研究中的一个重要问题。

(3)动态服务编排

与云计算相比,边缘计算在以下几个方面展现出更多的动态性。①服务器可用性,边缘服务器通常托管在各种网络/用户设备上,可以在服务生命周期内开启/关闭(用于节能等);②用户移动性,边缘服务器的覆盖范围有限,用户动态移动将导致用户离开当前边缘服务器的覆盖范围,为了在用户移动过程中保证服务的连续性,需要在服务器之间频繁切换;③一些边缘应用程序的负载高度动态。因此,如何兼顾上述因素进行服务动态编排是一个具有挑战性的研究问题。

(4)异构资源和功能的管理

基础设施和服务功能的异构性是5G移动边缘计算环境下进行服务编排的另一个主要挑战。边缘计算环境涉及异构网络、计算和存储资源,同时各种服务功能可能具有完全不同的功能和要求,当前无法通过统一的机制来实现端到端的服务供应。在异构基础架构上对各种各样的服务功能进行编排需要一种新的资源/功能抽象、描述、发现、组合的方法,以实现多样化的服务注册新机制。

9.3 本章小结

随着互联网技术与软件技术的发展,无服务架构、网络功能虚拟化、网络服务功能链、网络服务功能编排等新型服务技术不断涌现,相关技术在分布、异构的环境下有提升资源利用率、降低运维难度、易于接入等优势,并逐渐被应用于移动边缘计算、5G核心网等平台环境。本章对相关技术的定义及面临的挑战进行了阐述。

参考文献

[1] Ismail B I, Goortani E M, Karim M B, et al. Evaluation of docker as edge computing platform[C]//2015 IEEE Conference on Open Systems (ICOS). 2015: 130-135.

[2] Bernstein D. Containers and cloud: From lxc to docker to kubernetes[J]. IEEE Cloud Computing, 2014, 1(3): 81-84.

[3] Mohammad S, Rodrigo F, Íñigo G, et al. serverless in the wild: Characterizing and optimizing the serverless workload at a large cloud provider [C]//Proceedings of the 2020 USENIX Conference on Usenix Annual Technical Conference. 2020: 205-218.

[4] Vincenzo S, Fabio G. A double-tier MEC-NFV architecture: Design and optimisation [C]//Conference on Standards for Communications and Networking. Berlin, 2016: 86-91.

[5] Tung V D, Alexander K, Giang T, et al. Reusing sub-chains of network functions to support MEC services[C]//IEEE Symposium on Computers and Communications. Barcelona,2019:1-8.

[6] Anta H, Navid N, Tore S, et al. Low latency MEC framework for SDN-based LTE/LTE-A networks[C]//IEEE International Conference on Communications. Paris,2017: 1-6.

[7] Zhou Z, Wu Q, Chen X. Online orchestration of cross-edge service function chaining for cost-efficient edge computing[J]. IEEE Journal on Selected Areas in Communications, 2019, 37(8): 1866-1880.

[8] Gawel M, Zielinski K. Analysis and evaluation of kubernetes based NFV management and orchestration[C]//Proceedings of 12th IEEE International Conference on Cloud Computing (CLOUD). 2019: 511-513.

[9] Xiong Y, Sun Y, Xing L, et al. Extend cloud to edge with kube edge[C]//Proceedings of IEEE/ACM Symposium on Edge Computing (SEC). 2018: 373-377.

[10] Li W, Lemieux Y, Gao, J, et al. Service mesh: challenges, state of the art, and future research opportunities[C]//Proceedings of IEEE International Conference on Service-Oriented System Engineering (SOSE). 2019: 122-127.